财富自由，其实很简单

陈轩 ◎ 著

民主与建设出版社

图书在版编目（CIP）数据

财富自由，其实很简单 / 陈轩著 . -- 北京：民主与建设出版社，2017.12

ISBN 978-7-5139-1852-7

Ⅰ . ①财… Ⅱ . ①陈… Ⅲ . ①成功心理－通俗读物 Ⅳ . ① B848.4-49

中国版本图书馆 CIP 数据核字 (2017) 第 296942 号

© 民主与建设出版社，2017

财富自由，其实很简单

出 版 人	许久文
著 　 者	陈 轩
责任编辑	刘树民
装帧设计	新艺书文化
出版发行	民主与建设出版社有限责任公司
电 　 话	（010）59417747　59419778
社 　 址	北京市海淀区西三环中路 10 号望海楼 E 座 7 层
邮 　 编	100142
印 　 刷	北京晨旭印刷厂
版 　 次	2018 年 3 月第 1 版　2018 年 3 月第 1 次印刷
开 　 本	880mm×1092mm　1/32
印 　 张	8.25
字 　 数	143 千字
书 　 号	978-7-5139-1852-7
定 　 价	58.00 元

注：如有印、装质量问题，请与出版社联系。

自序

年薪百万 你也可以

有个关于收入的调研报告挺有意思：

· 年收入 30 万的大都是主管，扣掉税剩 25 万，开价值 10 万的家用车；

· 年收入 50 万的大都是经理人，扣掉税剩 40 万，开价值 20 万的帕萨特；

· 年收入 100 万的大都是高级经理人，扣掉税剩 70 万，开价值 40 万的 SUV；

· 年入 1000 万的毫无意外是创业者，第一年 30 万，第二年到第五年分别是 70 万、159 万、350 万、800 万，第六年终于突破千万，有四辆车；

· 年收入 3000 万的，肯定来自家族企业，开奔驰 S600L。

根据 2016 年胡润的各种调查报告，我做个简单加权： 我估计中国的亿万富翁，2017年怎么着也得有10万人；千万富翁呢，至少有150万人。当大家都在羡慕精英们是年薪50万还是100万时，真正的人生赢家已经默默地炒新三板，两个月赚了4000万。这种人我认识好几个，他们只是29岁的年轻人，而且还是白手起家。

圈子和圈子之间犹如通天塔，圈子外永远无法想象圈子里的生意和生活。

精英遍地，你是不是感到沮丧和渺茫？尤可欣慰的是：中国市场真的很大，机会也很多，他有他的黄金岛，你有你的发财路。英雄不问出处，王侯将相宁有种乎？国际著名财富研究机构wealth-x最新调查显示：65%的超高净值人群是白手起家；其中金融行业人士不到50%，出身名校人士只占3.5%。这数据，够励志吧？

当然，不是所有人都适合创业，不是所有人都能奋斗成王健林。赚大钱靠命，但赚小钱呢，努力总会有结果！比如说"年薪百万"，虽然在亿万富豪眼里是小钱，但在寻常人家的寻常生活中却是笔巨款。对于职场中人，使使劲儿也有可能够得着。

卡夫卡曾经哀叹："目的虽有，却无路可循；我们称之为路的，无非是踌躇。"文艺青年多柔弱！这本书就是要执果索因，探索职场之可循之路。而且我也不踌躇，我坚信：这派那派无论什么派，终归斗不过行动派。年薪百万如同围城，进去的见到更宏大的风景，更加谦虚；没进去的自以为仰之弥高，遥不可及。百万年薪没什么了不起，不过是市场对你时间的折现，对你不可替代程度的估值，对你创造的价值的分成。北上广深（北京、上海、广州、深圳）百万身价的俊彦，数不胜数。

世界是因果界限不清晰、变量极多的均衡系统。从大而化之的角度来看，年薪百万者，一定要征服两种东西：一种是征服内在，看透想通做到，看不透自然想不通，想不通自然做不到。在看透、想通、做到的过程中，更快实现个体的社会化，更快将自己的头脑打磨成一把利剑，更快构建出理性自省的人格机制，更快地让自己进化升级成更稳定更强大的新物种。

另一种是征服外在。我经常开玩笑："没了竞争对手，人人都是亿万富翁！"如何在竞争中取胜？要靠价值观、技能、资源、时机和运气等诸多因素的综合，而且牵涉其中的不可控力、不可抗力极其多，其实已经成为"近乎不可能成功"的小概率事件了。

这两个征服，本质上就是中国传统文化所言的"内圣外王"之道。征服内在的"内圣"是征服外在的"外王"之根基，而"外王"则是"内圣"的体证。在对待内圣外王上有两种截然不同的态度：强者说运，弱者说命！强者在冒险中竭尽全力，成功后谦虚地说"我只是运气好";而弱者呢,在犹豫中错失良机,在毫无尊严的挣扎中,抱怨命运的不公。

任何失败一定都是有原因的,正如任何年薪百万的人一定是有理由的,而且一定有非常充足的理由!我今年34岁,从18岁开始,奋斗了16年。现在呢?虽侥幸年薪百万,然"抬头搬砖,低头练剑"仍是常态。在竞争激烈的北上广深,不燃烧自己,你没法成长;不忍痛撤离舒适区,怎么保持斗志?时时激励自己的是:即便是成功率不到5%的小概率事件中,连续重复的独立事件,小概率也能变成大概率。曾文正公言:有恒则断无不成之事!

我所认识的年薪百万者,大都是平民子弟出身,有985院校毕业的,也有专科学校毕业的,但一定是10年以上经验的行业专家级别。他们无论是IT男、销售大拿,还是营销大咖,都是说出话来能让你消化半天、聊起事来足以让你烧脑到失眠的人物。他们用10年的青春和汗水,置换出洞穿迷障的火眼金睛,置换出手到擒来的绝世武功。他们的时间成本极高,轻易很难约出来。他们个性坦诚、言语深刻、处事简洁、说到做到,是所有组织机构和老板争相拉拢的"香饽饽"。他们对自己的能力和边界有清醒的认识,谦虚低调,善于与人合作。他们相信人,但永远怀疑人性。他们大多出身平凡,但有时代野心和作品感。他们是自我训练和自我管理的标杆，是大家争相靠拢和学习的表率。

所谓奋斗的意义，无非是竭尽全力远离庸人！16年来我无论多晚睡觉，第二天永远是6点准时醒，一多半缘于危机感，一小半缘于生物钟。这些年拼命做事，无非是希望看到更美的风景，也希望自己能成为别人眼中不错的风景。现在回头来看，最有趣的景色，其实就在翻山越岭的路途之中。

生命如水，岁月如歌，这本书写在我第二个女儿清清出生前。写到这里，光阴闪回，有些感慨。弘一法师曾告诫众生："人生最不幸处，是偶一失言，而祸不及；偶一失谋，而事幸成；偶一恣行，而获小利。后乃视为常故，而不恬不为意。则莫大之患，由此生矣。"这本书呢，不敢以一得而自得，也不敢保证您读完此书就立马年薪百万，但可以保证的是足够坦诚、足够客观地聊聊年薪百万者的状态，总结下这些"人中龙凤"是如何思考和处理问题，如何自我进化自我提拔，如何与自我、与岁月和解的。

法尚应舍，何况非法。如同艺术一样，语言总是有预设立场，世道人心，个中微妙虽至关重要，然可意会、难言传。需自勉的是：商业成败唯一的指标就是"实践"，世俗能力唯一的指标就是"搞定"！知到极处便是行，行到极处即为知，知行合一是职场最大的修行。

有天晚上读王阳明,不由自主冒出四句话:"人在事中磨,事靠人来磨,磨人全是事,事人都得磨。"我坚信借事修行、自我精进,永远是个人成长和发展的最根本主线,把事情做成后的成就感,才是对工作本身最大的奖励和奋斗的真正意义。

总之,诸君若因拙作而有二三心得,余不胜欣慰!

陈轩

北京守拙阁

2017年4月

目录 Contents

PART 1 看不透自然想不通，想不通自然做不到

错位竞争，换个角度看世界 // 003

长大了就自然能成熟？搞笑吧！ // 007

你还有名校情结吗？ // 010

最强大的人脉，其实就是你自己 // 014

经济基础决定上层建筑，记牢了！ // 018

有些人一辈子的高峰，只是上下班高峰 // 021

人生逆转，只需要一两年 // 026

人生的意义究竟是什么？ // 030

绝大多数人的努力程度，根本轮不到拼天赋 // 034

PART 2　职场就是修道场，做事是最深刻的修行

你，究竟体不体面？ // 041

切忌用体力上的勤奋，代替脑力上的懒惰 // 046

职场巨婴，还真不少 // 050

停止幻想！职场的本质是交换 // 053

马云在打高尔夫，而我在练俯卧撑 // 057

职场人的宿命是"专业主义" // 060

脚下踩踏实了，再往前跑 // 063

搞定"贵人"的基本功 // 067

老板喜欢什么样的"90后" // 071

PART 3　百万年薪，其实很简单

我的姥爷是厂长 // 075

"老小孩"当不了 CEO // 079

优秀的人只在做事上较劲 // 082

"四分之一"法则和 15 个小秘诀 // 085

CEO 怎样防止被团队累死？ // 091

如何建立利益格局来管控人？ // 096

CEO 的"三板斧" // 102

价值 58 万元的管理秘诀，就一张纸 // 108

招人就得像武大郎开店 // 112

24 段话,读懂巴菲特的商业大智慧 // 115

PART 4　有些"坑",千万不要跳!

发财无上限,做人要有底线 // 125

为什么要"早买房晚买车"? // 129

微商危险吗? // 134

二流人才、三流行业,创建出一流的企业 // 137

战略的本质,是选择"何事不为" // 141

这些年,你错过了多少发财的机会? // 145

PART 5　巨变时代 创富新玩法

"罗胖"为啥会抛弃 Papi 酱? // 151

成不了"网红",你就没戏! // 159

看透新时代新玩法的本质 // 164

所谓牛人大都是自虐狂 // 171

商业大变局,内容营销是王道 // 174

26 个小时 0 成本,111 万阅读量 // 178

如何做到百万级别的曝光率? // 184

内容变现,一定要爱护自身的羽毛 // 189

运营微信公众号，一点也不简单！// 193
成为明星主播的"风"与"水" // 197
O2O 很时髦，你要不要做？ // 201
你以为你懂营销？ // 207
我们欠小米一个尊重！ // 211

PART 6 把头脑磨成一把剑！

自律给你自由！ // 219
一切节省，本质上都是对时间的节省！ // 222
精神自由在先，财富自由在后 // 225
每一天都要自我修复和适度进化 // 228
积沙成塔，利用好"零碎时间" // 232
"在行"的人，永远抢手 // 236
向大本大源发力，走内圣外王之路 // 243
理性的行动派，最性感 // 246

PART 1

看不透自然想不通,
想不通自然做不到

陈轩说：

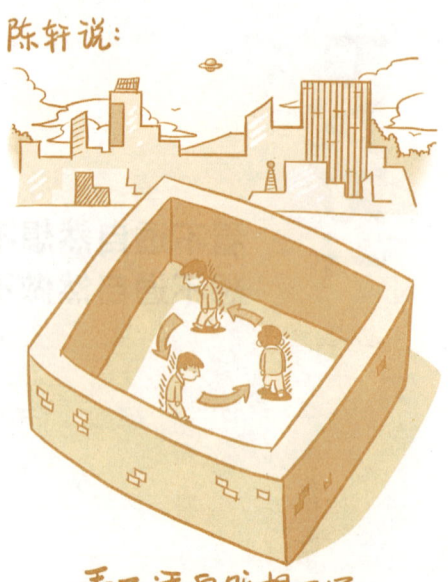

看不透自然想不通
想不通自然做不到

》错位竞争，换个角度看世界

有位网友在我公众号提问："陈轩老师，我觉得身边每个人都特别优秀，那我活着的意义是什么呢？曾经雄心万丈，现在我只有彻底的无力感！"

对于这个问题，我感触很深，也很愿意挤出时间说说心里话。

一、错位竞争

上大学时，别人的父母都是开奥迪送孩子上大学。我老爹背了半袋山西老家的绿豆来北京，还觉得是好东西，准备给老师送礼。

我是文科出身，学的又是经济学专业，每天被高数折磨得死去活来。在图书馆苦战了一天，就算出来8道题，还错了4

道。之后是线性代数和概率论，接下去是中级微观经济学、中级宏观经济学，然后是金融经济学。完全就是数学系嘛！当时感觉这里简直是人间地狱，万念俱灰。而身边人呢？白天打游戏晚上打牌，轻轻松松得高分。

毕业后，做销售管理，不会抽烟不爱喝酒不懂人情世故。怎么办？除了死磕还能怎么办？

30岁时，从零开始学法语。一起学的"90后"小妹妹一转眼考了C1去加拿大了，而我呢？单词记了80遍了，还是记不住。和人家比，要不要跳西海自杀？

你不能和"90后"比记性，你不能和混子比手腕，你不能和理科生比数学，你不能和富二代比资产。

和"90后"，我们比比技巧如何？和混子，我们比比技能如何？和理科生，我们比比文学常识如何？和富二代，我们比比自制力如何？

我也和团队聊过一个问题："小和尚为啥斗得过老妖怪？"因为"小和尚有戒律"！戒律就是让你"先为不可胜而后求胜"，因为"不可胜在己，可胜在敌"。

翻译成白话，叫"错位竞争"。挫折给了我们技巧，岁月让我们更加坚韧，小小的追求能让我们充满自制，谁说"厚道"不是这个时代最大的核心竞争力呢？

二、找到合适的定位

人要找到自己的位置。甲之砒霜，乙之蜜糖。我们要找到成为蜜糖的地方。我们要找到最需要自己的战场。这就是"定位"。我做过大企业默默无闻的螺丝钉员工，很痛苦。你能感受到系统对个体的弱化和同化吗？这时候需要你咬牙跺脚地逃离。脱离团队，成就自我，去真正的市场中厮杀觅食。

多年后，我记得那个香港老板的鳄鱼 T 恤的 logo，却已经忘记了她的脸。记得她笑着对我说："陈轩，我这里能帮你解决户口，每年还有去美国培训的机会，高薪水，又是世界500 强，你还要怎样？你坐的位置是清华北大学生挤破脑袋都想要的呀。"

我很老实地回答："感谢您的栽培，但我确实不适合这里。"

拎包回家后，女朋友当然不理解，认为我有病，免不了争吵。后来反思，毕业前几年，其实就是个体实现真正的社会化和独立意志逐渐觉醒的过程。既然是磨合，过程当然纠结痛苦。这时候，需要你有眼光和自信。尤其要注意，人生没有标准答案！

你要相信你的直觉。我也经常跟同事们聊，人过了 30 岁，都已经"成精"了。这时候除了要对别人诚实，更要对自己诚实。就像韦尔奇说过的,"谁都没错,地方错了"。坚信自己的直觉,坚定地对自己抱有最大的期望,就是最大的自我善待。

后来做营销策划,见了无数位亿万富翁,发现果然"家家有本难念的经",相信我,真正了解他们的生活后,你不见得真的想成为他们。

这个大时代,每个人都有远大的前程,只要你有戒律,只要你奋发努力,只要你乐观积极。有一次有朋友问我:"陈轩,你的优势是什么呢?"当然,换一种更哲学点的问题就是:"你活着的意义是什么呢?"

我说:"我比销售人懂营销,我比营销人懂品牌,我比品牌人懂传播,我比传播人懂管理,我比管理人懂产品,我比产品人懂营销……更关键的是:我这个人比较简单和据说相对厚道。这就是我最大的优势和存在的意义。"

谁的青春不迷茫?多琢磨琢磨如何错位竞争,比长得帅的人更聪明,比聪明的人家境好,比家境好的人身体棒,比身体棒的人学历高……相信我,你一定有超越他人的地方,这就是你的竞争优势,这就是最适合你的平台和战场。To be different,越早想通这一点,越早不纠结不受罪,越早不后悔。

》长大了就自然能成熟？搞笑吧！

2016 年年底，我接连认识了三位年轻的亿万富翁：两位 1985 年出生、一位 1977 年出生，全是白手起家。

我逐一介绍下他们：

1985 年出生的 H：福建人，2006 年休学创业，曾经苦闷失眠数月，卖眼镜赚到第一桶金，接着做互联网又让财富翻了 10 倍，现在专心做天使投资，身价数亿。

1985 年出生的 X：江苏人，编程高手，创建过国内两个知名网站，胆子大技术牛，做事比较拼。

1977 年出生的 Z，15 岁从山东去浙江闯荡，什么工作都干过，攒了亿万家产。宝马 Z4 买过好几辆，玩漂移、玩泡吧、练书法，读了名校 EMBA。

这些都是我身边的真实例子，不是书上看到的，也不是网上瞎编的。再多举三位名人：雷军做卓越网时不到30岁，安踏老板丁世忠初中毕业闯西单，刚把美图送上市的蔡文胜29岁时用全部身家——30万元，赌盈科数码的股票必涨，赚到人生中第一个100万元。

狭路相逢勇者胜。能吃苦的人很多，但有勇气的人凤毛麟角。2008年，我帮东北创业者C做产品策划。C总是个文盲，自小修卡车修摩托车出身，后来转行做饮料，当年销售额300万元，到了2014年，一年销售额将近1亿元，已经开始和联想创投的高管觥筹交错，谈笑风生了，儿女外甥侄子一股脑儿都被他送去澳大利亚读书。掐指一算，C总从不名一文到财务自由，也就用了6年。2014年一起小聚，回忆当年，他只用了两个字总结："胆大"。

为什么胆大？因为无牵挂。当你上有老下有小中间还房贷，你敢折腾吗？刚毕业时三个包子就是一顿饭，一卷凉席就是一张床；如今你父母年老多病，儿女嗷嗷待哺，每月房贷花掉你一半工资，学费养车都得哐哐往外扔钱，当年的远大理想，估计已经像黄花菜一样凉。

在最有承受能力的时候冲出去，靠的是时机，敢不敢冲出去靠的是勇气。这都取决于观念。Z总是典型的山东大汉，在山东15年，在浙江生活了25年，现在他自认为是典型的南方人。他反复提到观念才是南方老板更容易成功的关键。

"我们（南方人），宁可当吃咸菜的老板，不当吃鲍鱼的打工仔；你们（北方人）只想着安安稳稳地打工。知道江浙老板怎样培养儿女吗？周六日开奔驰车把不到10岁的小孩拉到市中心，让孩子们卖报纸。烈日酷暑下孩子们起劲地吆喝叫卖，父母们则在奔驰车里打电话谈生意。啥时候报纸卖光了，啥时候拉小孩回家。"

看来，老板也要有"童子功"。Z总对我的启发和震撼还是比较大的。财商教育从小做起，长大了并不代表成熟。危机意识、竞争意识、成本意识不是岁月给的，而是在无数个特意为之的情景训练中打磨出来的。已经输在起跑线的我们，如果还喝着"缓慢成熟，财富自来"的鸡汤，那真是注定要做一辈子穷人了。

》你还有名校情结吗？

关于名校，我先来讲两个小故事。

第一个故事说的是我之前的一位领导。四川人，从小极富主见。

上了大学，主动要求加入学生会，积累学生会工作经验。

毕业后，他进入某公司，凭借超高情商，三年时间，从职员做到了专门负责大客户的总经理，然后出来创业。创业当然没那么容易，于是转回头说服老东家，让其将自己的企业收购了，由此，赚到人生第一桶金。后面炒域名、炒论坛，一路折腾，如今在香港、深圳、北京、上海，还有新加坡，有房产无数。不到40岁，已经过上了"腐朽的资本家生活"。

这个故事，我认为有三个小结论：

第一，对于聪明人，做任何事情都很简单。

第二，名校的价值，某种意义上讲，对于寒门子弟甚至意味着重生。

第三，他的冷静、超级高执行力和情商，值得大家借鉴。

接下来聊第二个故事，我自己的故事。不好意思，是个反例。我初中毕业，家里条件艰苦，于是上了中专，毕业当了月薪200元的乡村老师，后来不甘心，出去闯社会，当过热电厂的保安，当过五星级酒店的小门童，差点儿被骗去西安做传销，还当了一年搬运工——搬地板砖。后来实在是无路可走，跟父亲赌咒发誓，低头进了当地高中，拼命读书。成绩越来越好，成为省重点高中全校第三，男生中的第一名，于是决定冲击北大，狠狠发誓：考不上北大，就从8楼跳下去。

后来，发挥失常，志愿填得失败，只上了个二本院校，痛苦得差点儿神经衰弱。有一个场景你感受下：我在校园打电话给老爹，说要退学要复读。老爹在电话那边骂：家里没钱再供你读书！我哭得坐在地上，旁边人流如织，奇怪地看着我。我整宿整宿睡不着觉，有一天中午痛定思痛，将所有高中的书，亲手扔到宿舍垃圾堆。

从大二开始，我疯狂投简历做兼职。大二进海尔，大三进北大青鸟，大四进同仁堂。大学没毕业就拿到了5个offer

（工作机会）。后来工作8年，工作的间隙，读了北师大的MBA。算是勉强圆了名校梦。

我自己的故事，也可以总结出三个小结论：

第一，我不聪明，也缺乏高人指点，同样面对高考，我走的是"扎硬寨、打呆仗"的艰辛曲折的红海之路，这其实是营销的大忌。

第二，高考是人生中第一个真正意义上的挑战，经历过高考和考研的人，其实什么都不用怕了。高考虽然不理想，毕竟让我有大学可上，让我从18线城市的农村进入大北京，让我拥有相濡以沫14年的妻子，让我毕业后手持5个offer进入社会，让我拥有之前不可想象的平台和条件。我现在很幸福，对高考也很感恩。当然，磕磕绊绊8年后，拿到北师大MBA学位，让自己无论是资历还是发展空间，又向前走了一步。

第三，看不透一定想不通，想不通一定做不到。看不透高考的价值，你不可能拼命努力去学习；想不通名校的意义，只能永远游离在圈子之外。职场也是同样的道理，看不透"职场就是一个冷酷残酷的价值交换体系"，升职或自我升值一定就跟你没什么关系。

永远不要听信站着说话不腰疼的人的话！我不是要鼓励大家去钻营，去投机，去变着法子进名校。我只是要强调一件事：永远不要轻视学历的力量，更不要否认和轻视名校学历的力量。这个法则适用于地球上任何国家。

当然，一个锅里能蒸出馒头，也能蒸出窝头。名校只是阶段性的经历和权威认证，而商场中只有赢家和输家，没有永恒的专家。名校更多的是入场券和催化剂，并不能保证商业和职场的最终成功。

毕业后有幸认识了不少哈佛、斯坦福、宾夕法尼亚和麻省理工毕业的朋友。用一位哈佛美女的话来评价："学历，也就那么回事！"

》最强大的人脉，其实就是你自己

一、共情社交和功利社交

联想有一位之前做大客户销售的大V在微博上公然宣称："男人之间的陌生交往，最好是展示自己的资源和实力。因为男人之间是竞争加合作的关系，竞争决定了你问我的走心隐私问题，不但得不到回答，而且会对你产生敌意和轻视，合作决定了男人可以因为资源互补而快速产生信赖。"

这种坦诚和实在，我很欣赏。还有一位叫"风墟"的哥们儿，将社交的本质分为"共情社交"和"功利社交"。

他认为"功利社交"指向的当然是赤裸裸的利益，要求的是直接、坦荡、高效率的利益交换，特点是价值交换必须建立在互相认同的前提下进行；而"共情社交"是心智未开、社会地位低、生活不如意，尤其是学生时代时，为了从朋友那里获得情感上和物质上的链接与支持，所以必须进行的情绪化的社交。当一个人心智越成熟、能力越强、社会地位越高，不需要其他人提供情感和物质上的援助时，他的共情社交就越少，而功利社交就越多。

这种解释，清晰有力。我和同事们聊的时候也经常说：中国人什么都好，就是将"事"和"情"纠缠不清，搅和到一块，最后事没办成，情分也伤了。这里的"事"其实就是"功利社交"，而"情"呢，就是"共情社交"。由此衍生出的"人脉管理"等一大堆貌似有理其实根本没用的鸡汤，都妄想着以"共情社交"入手，与大佬建立情感链接，然后再趁机提出"功利社交"的要求。哈哈，你用脚趾头想想都知道根本行不通。

事是事，情是情！随着社会越来越发达，分工肯定也会越来越充分，未来大家能更专注地做事，而越来越没必要去琢磨人和应付低效的人际关系。当商业场合遇到"你跟他谈钱，他谈感情；你跟他谈感情，他谈钱"的人，大家应该第一时间离开。当"对事不对人""只评价行为不妄论人格""该谈利益，光明正大谈利益"成为人际共识时，你我幸甚。

二、凸显自己的交换价值

哲学家萨特说过,"生命,就是在着火的舞台上,惊慌失措"。其实,更像你在海边沙滩上垒城堡,身后,岁月之浪阵阵袭来,当精神独立之后,如何跟自己相处,抓紧做自己想做的事情,就显得至关重要。

社会是冰冷残酷的价值交换体系,社交的本质都是交换,无论是共情社交的情感链接,还是功利社交的利益链接。功利社交做流量,情感社交做黏性。**从这个逻辑出发,打造最强大的自己,才是人脉经营的真正捷径**。让自己的交换价值凸显出来,人脉自然会聚拢过来,别人愿意与你交换与你共赢。

从化学角度讲,人是低效的碳基生命。吃睡占掉一多半生命,生儿育女又占去三分之一,且不说周期性的感性烦恼,加上为维护可疑的人脉所付出的心力,真正用来做事的,没多少日子。人不仅低效,还低质。出几道稍微抽象点儿的高等数学题,估计一多半公知、网红,都做不出来。智者不应追寻虚幻不实之物,比如:人与人之间的关系。社交媒体是对真实世界里人际关系的追赶,目前看,追得不错。

人与人之间的关系,有且仅有三种:粉、黑、路。

粉——挺你的;

黑——踩你的;

路——无视你的。

人与人的关系无非三选一,三者之间的互相转化非常频繁:

之前是粉,因为利益,粉转黑/粉转路;

之前是黑,因为利益,黑转粉/黑转路;

之前是路,因为利益,路转粉/路转黑。

运动路径,无非六选一。

粉和黑,难以持久。长远讲:路人,才是人际常态。虽然有些悲哀,但这是现实。与其在可疑的人际关系上耗费心力,不如一心一意、低头练剑!

》经济基础决定上层建筑，记牢了！

美国最受欢迎的经济学家之一亨利·乔治曾经这样描述儿子出生当天的凄惨情景："孩子马上就要出生了，而我却没有东西给老婆吃，被逼无奈的我走上街头，拦住了一个陌生人，我放下一切尊严告诉他，我需要5美元，我要确保我的老婆有生孩子的力气。如果他当时不给我那5美元，我想我可能会把他杀了。"

企业的生命线是现金流，人生也是！当现金流断了，只能拿命挡，此时的命就比纸还贱。

为了生存，牺牲掉健康、牺牲掉亲情、牺牲掉社交和休闲，甚至冒险吃一些可疑的食物、开没有气囊保护的低档车。不但退化为动物行为模式，而且一辈子陷入患得患失和低自尊的匮乏感中不能自拔。

日本 NHK 电视台曾做过调研,结论是:贫困家庭的小孩刚一出生,人生就结束了。该电视台追踪调查了两个真实的家庭:

A 同学:小时候父母年收入 1000 万日元(约合人民币 60 多万元),他从小被父母精心培养——出国旅行、学才艺、补习;长大后进入第一流的名校学最先进的技能,毕业后进入第一流的企业,年收入 600 万日元,婚姻美满。老了之后,有国民年金、一大堆积蓄、儿孙满堂,住高级养老院。

B 同学:小时候父母年收入 200 万日元,能活下来已经很努力了,上学时还得打工养家,专业不喜欢或者没价值,毕业后进入三流企业,年收入 200 万日元,老了后成为独居老人。

据说人会长大三次。第一次,发现自己不是世界中心的时候;第二次,发现即使再怎么努力,有些事终究无能为力的时候;第三次,明知道有些事可能会无能为力,但还是会尽力争取的时候。无论怎样长大,我认为个人真正地长大,是认识到社会和个人发展的根本动力是交换,客观评估自己所拥有的竞争资源,用最有效的方式来配置自己的资源,并通过社会分工和交换获得最高的价值。

经济基础决定上层建筑,而上层建筑也反过来影响经济基础。所以物质上暂时的匮乏不可怕,顶多在生活中的苦难面

前失去抵抗力而已，心灵的贫瘠才真正致命！ 失去了想突围的心，成为浑浑噩噩的一条咸鱼、默默地吃差的食物、做损害健康的工作、忍受相互憎恨的配偶……这样虽生犹死的生存，有意思吗？

乔布斯说："23 岁时，我有 100 万美元，24 岁时，我有 1000 万美元，25 岁时，我有超过 1 亿美元资产。但这些并不重要，我不是为钱做这些事情的。"乔布斯是钱揣兜里胆气壮，站着说话不腰疼，如果让他三天别吃饭，再来谈情怀试试。还记得《蝙蝠侠》里小丑的话吗？"不是万不得已，谁不想正义凛然？"

如何打好经济基础？我一个同学在法国旅行，微信上分享了一个故事：我们在巴黎寄宿的孟叔一家，老两口是 20 世纪 80 年代天津财经大学国际金融本科，分配到中国银行对外部，工作在众人眼中是"铁饭碗"，后到法国读硕士，又进当地的企业工作至退休，在西方社会较快达到中产，衣食无忧房车皆有，但更进一步的希望也只能寄托在儿女身上。

人们既厌恶颠簸漂泊，又厌恶一成不变。在互相羡慕中自身情感纠结模糊，迷障即在于此。任何圆满与满足，大多时候是暂时性状态。趁年轻竭尽全力为社会创造价值，给世间你最珍惜的情感最充足的物质保障，这是你我的责任。

》 有些人一辈子的高峰，只是上下班高峰

2006年我认识了Rock，一位"80后"，他本科毕业去了某央企，刚去的时候简直就是一枚愣头青，本着全心全意为公司服务的雷锋精神，自觉自愿地、意气风发地写了份《企业10年发展战略建议书》给领导。接下来一周，整个公司都开始孤立他。于是他一咬牙一跺脚创业去了。

先在双井租了别人办公室的一张桌子，住在地下室的上下铺；第二年就赚了钱搬到中关村某写字楼；第三年给老爹买了欧米茄，给老妈买了Mini Cooper；第四年稳当当赚了100万元且保持稳定；第五年，去美国斯坦福读MBA，公司留给合伙人。MBA毕业后去了高盛，我偶尔会翻看他与巴菲特的合影。

人生的道路是很漫长的，但要紧处常常只有几步。这几

步，哲学中叫主要矛盾，它决定了事物的性质；管理中叫抓大放小，它决定了团队的业绩；战略中叫不平均用力，它决定了资源的效果；营销中叫引爆点，它是品牌管理的秘密；推广中叫"一点切入，全面繁荣"，它是传播四两拨千斤的杠杆。

当然这一点也可以叫"勇气"。5%的勇气锁定了100%的未来。只有迈出第一个5%，才会拥有后来的100%。有些人，一辈子爬过的高峰，只是上下班高峰。认为自己不行，而不敢突破自己的人，是可怜而可悲的。英语中有句话说，你只能活一次，还有什么可怕的？人生每一步都是风景，老畏缩在山洞里，当真是辜负了大好人生。

1997年4月，北京门头沟254医院，有位企业家和冯小刚聊天，提出"第四产业"的规划：搭建资本所有者和需求者的桥梁。如今来看，所谓第四产业岂不是如今火爆异常的互联网金融？这个企业家叫牟其中。老牟是个争议人物，但毫无疑问是位具有大勇的人。"食品换飞机"，"把喜马拉雅山炸个大口子"，还有"第四产业"，他的每个想法都令人惊叹。

什么是英雄？为什么我们本能地会用勇气去定义英雄？为什么"虽万人吾往矣"会让平凡的人津津乐道？有什么比"奋不顾身的爱情和说走就走的旅行"更令人心驰神往？

大多数人的大部分人生，不是做漫无目的的布朗运动，就是做周而复始的简谐振动，无论振幅多大，总要回到平衡位置的。没有勇气，真是浪费了无限可能的人生。别小看 5% 的勇气，一旦错过时机，很难翻身。10 年前老 L 哥做化妆品电商，当时犹豫了，于是没戏了；2012 年 Rose only 卖花，两个创始人都穷，现在"高富帅"想杀入这行？没戏！2010 年以后新人想在"起点中文网"晋升为月收入上万的大神？跟抽奖路上中头奖且回家路上笑死的概率差不多。

海德格尔《存在与时间》一书的基本思想是：存在即时间。人活着就是短暂地活在生与死之间。这个时间有限，我们死时它就结束。若想理解本真的人生，应该朝着死亡谋划我们的生活，即向死而生，在有限中创造最大的意义。

2000 年 4 月，30 岁的福建青年蔡文胜，在报纸上偶然看到一则新闻，business.com 的域名卖了 750 万美元。第二天，蔡文胜就用两万元钱买了一台联想天禧电脑，开始了倒卖域名的生意。现在虽然早已不是主业，但他每年靠卖域名的收入就不少于 7 位数。蔡文胜总结自己的成功原因，特别强调："我比较敢拼敢赌，经常在背水一战的情况下去赌一件事情。"

在个人财富暴涨中，除了眼光就是勇气。2009 年，不善交流的草根站长李兴平将 hao123 卖给百度，换了 1190 万现金和 4 万股百度股票，转身将现金全部买了腾讯股票，百度股票长期持有，之后百度股票翻了 20 倍。李兴平靠两只股票，身价超过 10 亿。

生命是一场未知的探索，努力就是与篱笆的斗争，最需要的是勇气。没有什么是安全的，安全的生活比死亡还糟糕；没有什么是确定的，悬而未决才是生活大美；自由的生命，是缤纷高贵和绚美庄严之所在。

高晓松 2000 年加盟搜狐，担任娱乐事业发展总监；2001 年加盟新浪，担任文化事业战略顾问。他这么解释："大家出来做事，终归是为自己做事，没人规定你非要对一个东家从一而终。"于是，在《晓说》红遍中国之前，他高高兴兴地、光明正大地至少换过 5 次不同的公司头衔。

没有人是天生的领袖，没有谁生下来什么都会做。高晓松出身背景很好，小时候家里谈笑皆名人，从不缺钱，且接受的是西化教育，但背景再好，如果不努力，没有勇气，照样成不了大事。高晓松也是凭借恣肆闯荡的勇气才摸到属于自己的财富之路的。

没有人是天生的勇者。所谓的勇气，是抵挡恐惧、把控恐惧，而不是没有恐惧。勇气其实是平凡人的一次选择。搞定貌似不可能搞定的事，就是人生最大的胜利。"低头爬山，到顶再说"，到了顶再回头看，你会发现这个世界上没有什么是不

可征服的。末了,送段歌词给读者吧:

原谅我这一生不羁放纵爱自由,

也会怕有一天会跌倒,

背弃了理想,谁人都可以,

哪会怕有一天只你共我。

》 人生逆转，只需要一两年

某日接到老同事的电话，说 R 做蛋糕加盟连锁，两年赚了 700 多万元，刚在立水桥全款买了个大 House；

说 M 做虫草，以前的领导现在反过来给他打工，短短三年赚得盆满钵满；

说 K 同学做网站，被收购了，分了 1700 多万元；

说 L 同学在三线城市卖水杯，把经销商全都送到西安交大读 EMBA；

说以前做什么赔什么的老领导在阿里巴巴上市前加入，如今在老家花一个亿买了大别墅。

人生逆转，只需一两年的工夫；第一个 100 万最难赚，但从 100 万到 1000 万，真的是一转眼的工夫。机遇遍地的黄金岁月，赚钱的乐趣其实更在于过程而非时间。转型时代有惊人的造富潜力，只要敢想敢干，机遇迟早是你的。

2008年，有两位东北人，先在大学里面开饭馆赚了点钱；于是借了20万去校外商业街开了家大饭店，赔得一塌糊涂；又返回大学卖奶茶，抓住了2009年的加盟浪潮，利用报纸夹页广告做奶茶加盟，赚到了第一桶金。2011年，团队变成5个人，来到北京，专做餐饮行业的连锁管理；2014年发展到200多员工，7个加盟品牌。你看，一穷二白的他们，改变人生也就用了短短7年工夫。

韩寒说：方圆十里找不到一个励志故事。这话真不客观。工薪阶层的平民子弟就没有活路？听我给您随口说几个：E人E本的杜总是乡村教师出身，乐视老总贾跃亭是小公务员出身，爱动李总是军人出身，云南白药赵勇是清华MBA学生出身，加多宝老总做罐头厂出身，北京青年餐厅易总是炸油条出身。任何行业，积十年之功，必成大器。路走久了，关系背景自然多了。让阴谋论、背景论见鬼去吧。

先富起来的资金和人才优势，让你感到机会越来越渺茫，但一个个鲜活的例子证明了，市场很大、世界很大，他有他的黄金岛，你有你的发财路。根据国际著名财富研究公司Wealth-X最新调查：65%的超高净值人群是白手起家；金融行业人士不到50%；名校毕业人士只占3.5%。这数据够励志吧？

人生的改变可能只需要一两年，不是宣扬一夜暴富，不是给你打鸡血喝鸡汤，而是阐述一个事实：在积累了丰富的社会经验和行业经验后，实现财富的爆发式增长往往只需要很短的时间。

有高人将财富逆袭之路分为三种：

第一种是靠专业和技术逆袭，比如互联网公司。像奇虎360年会送员工兰博基尼，百度年会送宝马X1，每人送iPhone手机都属于比较抠门的老板。仅从年会发的奖品来看，互联网行业闷声发大财即可管窥一斑。据《华尔街日报》2015年统计，中国互联网公司新人的年薪达到30万元，经理级别年薪80万元，总监级别追上硅谷了，达到150万元。

第二种是靠政策逆袭。垄断了行政资源，拥有定价权和进入壁垒。这属于躺着赚钱的，但风险极高，而且不符合市场经济大趋势。

第三种是靠冒险逆袭法。打政策擦边球，干一票算一票，搂一把是一把，是有可能一夜暴富，但最大的可能是血本无归，锒铛入狱，属于最不靠谱最短命的逆袭法。

在我看来，还是第一条路靠谱。靠自己的技术，靠自己对行业的理解，靠对市场的嗅觉，靠管理能力和营销能力，靠对整个行业食物链的把脉,慢慢积累,迅速出击,等机会来了赚它个盆满钵满。

其实,奋斗就像明星,你看到的是他们风光靓丽的那一刻,你没看到的是他们当年像蘑菇一样在等待在修炼在哭泣在焦虑。10 年前我刚参加工作时,年薪 500 万元的老领导说:"坚持 10 年,第 10 年我保证你会将前 9 年的工资一年赚出来。"这话,我记住了。

挺住,意味着一切!坚持到最后的,才是真正的英雄!

》 人生的意义究竟是什么？

影片《搏击俱乐部》里面有一句经典台词："没有经历世界大战、经济大恐慌，没有目的、没有地位，我们是被历史遗忘的一代。"

你我存在本身，就是全部的意义！

人生的意义到底是什么？——人生本来没有什么意义！

这无意义的一生，其实过得并不容易，甚至可以说很艰难。无论你是富二代，还是草根，同样艰辛。草根担心没饭吃，李嘉诚的公子遭遇过生死绑架。早年成名的诗人北岛去了美国之后边叹息边抱怨："快乐总是相对的，肤浅的，而痛苦总是深刻的，绝对的。"

如今我人到中年。也越过山丘，发现鬓角雪丝辣眼；也曾喋喋不休，带着时不我与的哀愁；还未如愿见到不朽，却先把自己搞丢。爱过的女孩、记忆啊，都飘零在深秋。学生照上的少年，有些眼熟，有些陌生。我看到了这位焦虑的少年，他的挣扎、无力和迷茫恐惧。身体内眼神明亮的小怪物在咻咻地喘着粗气。

有一次出差路过西安，想起了16年前的自己，瞬间丢盔弃甲，心软烂得一塌糊涂。我知道回不去了，再也回不去了。我知道16年前的此间少年，于尘世中渐行渐远渐无书，用30万倍的天文望远镜也看不见了。我能看到月亮上38万4千4百零1公里外的环形山，我看不见16年前的自己。

我想起16年前中专毕业，我想起我做过乡村教师，我做过工厂保安，我做过酒店门童，我做过地板砖搬运工，我躺在从陕西到山西的解放牌大货车上，望着璀璨的星空问自己："一辈子搬砖头吗？"

人生就是一个不断失去的过程。父母会离开我们，爱人会离开我们，子女会离开我们，朋友也会离开我们，到最后，我们自己也会离开这个世界。诚如《金刚经》所云："如梦幻泡影，如露亦如电"；亦如《心经》所云："多时照见，五蕴皆空"。

人生是"无常的、艰难的、痛苦的"，油然而生的其实是更宏大的格局观和无时无刻不在的慈悲心。所以才会有断舍离,才能有戒定慧,才会逐渐平和不着急,淡定不忧虑,深沉不敏感。知道人生就是一场因缘际会的误会,我们才能放下心来,享受历程中的每一刻,心中不妄动,一尘不染如皓月。

人生的意义究竟是什么?管他呢!不该去追寻或者试图证明存在的意义,我们存在的本身就是最大的意义。如同流萤的萤,如同星空的星,如同草长莺飞的草,如同宇宙微尘的尘埃,四时消长,繁衍与消亡,无意义本身就是人生所有的意义!

比尔·盖茨说过:"人生是一场大火。我们每一个人唯一可做的就是从这场大火中多抢救一些东西出来。"如果时光可以倒流,我愿意将年少时追寻人生意义的时间,用来多搬几块砖,多读几本书。

借用《纽约时报》畅销书排行榜中名列第一的《当下的力量》作者埃克哈特·托利那句很鸡汤的话,送给大家:"毛毛虫眼中的世界末日,我们称之为蝴蝶。"亦如哲学家萨特所言:人活着的唯一价值,是行动。

如果行动受挫怎么办?社会是什么状况我不管,在我们力所能及的范围内,还是要多些光亮、要多些坦然、要有说到做到的安全感。凤凰卫视编导兼配音季业先生说过:

"如果天空总是黑暗的,那就摸黑生存;如果发出声音是危险的，那就保持沉默；如果自觉无力发光，那就蜷伏于墙角。但不要习惯了黑暗就为黑暗辩护；也不要为自己的苟且而得意；不要嘲讽那些比自己更勇敢的人们。我们可以卑微如尘土，但不可扭曲如蛆虫。"

我们需要更多这种声音，中国需要更多这种情怀，这才是中华文明几千年的血脉和精粹。（尽管"情怀"这词，早被商人们玩儿残了。）说到底，还是做人做事要有底线。

我们所有的努力，其实都是为了竭尽全力远离庸人，都是为了竭尽全力靠近有作品感、历史责任感和家国情怀的人。这些人，才是真正的中国的脊梁，才是真正的精英。只有这些人，才能帮我们明白存在的价值、人生的方向，和关于奋斗的所有意义。

》绝大多数人的努力程度,根本轮不到拼天赋

一哥们吐槽自己的薪水:"刚工作第一个月,345 元;5 年后做认证工作 6000 元;10 年后,入投行税后每月 5 万元;15 年后做 PE 小合伙人,每月 12 万元,税前。没感觉生活有啥本质变化。人到中年,压力太大!买房晚,住在外环,开的是 A4,比自己手下都挫,看着动辄几百万的房子,觉得自己所谓的高薪就是个笑话。"

一、高手看十步

高手都在民间。2004 年,我的房东,是一对武汉的农村夫妇。他们省吃俭用在北京通州买了 5 套房子,从此,农村小老头小老太太过上了"不劳而获"的快乐生活。

那时,没有限购政策,银行经理觍着脸撺掇你贷款,售

楼处门前长满了野草，你溜达进去，男的在打牌，女的在织毛衣。一平方米 2000 元，每套房首付 5 万元，月供 800 元。现在呢？通州一平方米 5 万元左右，首付最少 50 万，月供最低 8000 元。白领，工资真白领了。

我 2010 年去东四环看房，看到售楼小姐气质卓绝，手中攥着亚当·斯密老爷的《国富论》，正经全英文版的。能看懂全英文版《国富论》的美女，在没文化的老板手下，兢兢业业地卖房子。

二、看多看空，天堂地狱

研究船王包玉刚的会德丰系，看到一段历史觉得挺有趣：

1980 年，船王包玉刚看空海上运输，为实现 100% 战略转型，不惜砸掉货船当废铁卖。以隆丰私有化亚航，实现弃船登陆，后强收九龙仓，全力以赴向地产转型。其中财技炫目、精彩纷呈。而几乎同时，会德丰集团的洋人董事长——马登同志，竟然看空地产，大幅度将资金从地产转向航运。

结果呢？船王越发霸气外露，衣着光鲜；而马登，3 年后亏损 6000 万港元，负债将近 22 亿港元，欠船费近 7 亿港元。不得不卖船还债，几近破产。

看空、看多,一念之差,家破人亡,天堂地狱!

三、洞穿未来的小眼

同样的例子,还有 2002 年,泰尔、莱文奇恩、霍夫曼、博塔,四个创始人,将 PayPal 卖了 15 亿美元。随后呢?泰尔成立对冲基金,用 75 万美元投资 Facebook,成为董事会一员;莱文奇恩成立微件开发公司 Slide;霍夫曼现在是 Linkedin 的首席执行官;博塔成为红杉资本的合伙人,并投资了 PayPal 老员工陈士骏创立的 YouTube。

周凯旋,就是东方新天地的策划人、一个项目 4 个亿的女人。

她 30 年前在香港萃文女校接受英式精英训练,还没桌子高时,就能把 6 大页专业英文材料,15 分钟内总结成三句话。强度和理念,秒杀多少硕士生博士生。赚没数的钱,能力、勇气,一个都不能少。

张艺谋,名满天下,老婆漂亮娃可爱,嫉妒吗?说个细节吧:一位在《山楂树之恋》剧组演过次要角色的演员告诉我,每场戏他要拍 50 遍。你没看错,50 遍。

有个毕业生问我,进入社会后接触到一些阴暗面、潜规则、富二代,发现太多东西已经输在起跑线上了,失去了奋斗的动力怎么办？最佳答案是：你爷爷不努力，你老爸不努力，你知道来问这个问题。你再不努力，你儿子、孙子将来还要来关注这个问题。

所以呢？还是要努力！

PART 2

**职场就是修道场，
做事是最深刻的修行**

陈轩说:

职场就是修道场
做事是最深刻的修行

》你，究竟体不体面？

我是个宅男。宅男的表现是：秉承君子之交淡如水的原则，宁可在公司加班，也不愿意出去应酬。

如果出去应酬，一般喝茶但不吃饭，更别提喝酒了。

如果必须吃饭，多于三人以上的饭局肯定不去。

如果多于三人，必要有一位是岁月之交或专业领域令我感兴趣的人，才有动力出去。

和商界传奇 X 大哥聊天，他感慨：中国社会，越到上面越好混。

上面的人，专注做事，凭本事吃饭，一般不怎么也没精力算计人；

下面的人，专注"做人"，靠关系牟利，脑筋滴溜溜转，累你个半死。

大巧若拙。我做管理，管理沟通方式上，直接简单得近乎粗暴。我相信绩效考核永远赶不走精英，也相信坦诚沟通伤不了成年人，我希望召唤和培养"上面人"。

我们都希望站着把钱赚了。赚"体面的、有尊严的钱"。

我折腾了15年才体面地坐在办公室里，用体面的iMac，吹着貌似体面的牛。

但体面，难道不是生而为人的尊严吗？

我现在内心强大，可以坦承自己当年是"搬地板砖"出身。

我不知道搬砖的经历是否体面，但在18岁的年龄，心思围着姑娘的审美转，至少在六线城镇，觉得"吃公粮"的哥哥才最体面。

如何去定义体面？

我去见过某国有矿产公司的一把手——矿长，为了解决一个亲戚的工作问题。

矿长办公室比篮球场还大，我去和他握手，我走过去，走啊走，一直走不到他老人家跟前。那一刻我深深感觉，自己很不体面，从内到外的猥琐；觉得亲戚更不体面，大小伙子，还靠别人帮忙找工作。

10年前从销售管理转行做产品策划，跨度比较大，记得很清楚，一天发出去200多份简历，有5个电话通知我面试，最后一个公司要了我。

一天发200份简历，我没有感觉不体面，反而认识到自己执行力其实蛮不错。

体面体面，先靠体力，后靠面子。

商业世界很现实，它只在乎你的业绩，没人关注自尊。有业绩为体，才有薪酬、地位做面子。

光拿钱不干活，我认为不体面；业绩很烂还要这要那，这不是不体面，而是找死。

面试一个经理，做背景调查发现其简历大幅注水，轻视别人的智商，很不体面。

我经历过奇葩公司，老板喜欢玩内斗，喜欢天下大乱，这不有病吗？太不体面。

成长本身，就是一个从体到面，从不体面到体面的过程。

渣事做过？尽力补偿，下次不做，不妨碍你继续体面。

我喜欢住国际公寓，环境优美，关键是人少。买房也倾向于越贵越好，哪怕小点儿。

为什么？体面！没时间和心力，与黑物业和恶邻纠缠打架。

君子不立危墙之下，营销将2010年之后的中国奢侈品热潮，解释为富裕人群"身份的焦虑"。

其实现在来看，我称之为"安全感的焦虑"。什么叫安全感的焦虑？比如我18岁时，一个人去西安打工。一出火车站，就被人围住。有卖身救父的女孩、有身患重病的老奶奶、有丢了钱包没饭吃的中年夫妇……

为什么都围着我？我一脸单纯善良好骗呗！

好吧，如果你肌肉发达、戴着大金链子和墨镜、身上有青龙白虎刺青、眼神凶残一脸横肉，你去火车站，估计会有崇拜者给您让座。

社会心理学有个"符号互动理论"学派。我在北师大演讲时提过：肌肉、金链子、墨镜、刺青、横肉……这些符号，表达的意思是：不！要！惹！我！

外在是内在的延伸，内在的体面呢？

竭尽全力远离庸人，竭尽全力改掉庸人的毛病，最好不要进出庸人的场所。

天下一人饥则我饥,天下一人寒则我寒。

如果寒门子弟曝尸街头,老父母妻儿朋友是不是更心寒?

我家大公主瞳爷,钟爱在海边玩沙子。在呼呼啦啦的海边,看着她认真的背影,我忽然想道:其实我们都是在海边玩沙子的小孩,在岁月之浪侵袭而来前,我们只有加油抓紧垒起自己心目中的城堡。但如果遇到有沙子磨脚,不要硬抗,要先弯腰,把沙子倒出来。

》切忌用体力上的勤奋，代替脑力上的懒惰

我曾经听过一个小故事：一只蜜蜂和一只苍蝇同时掉进了一个瓶子里。这个瓶子并没有盖上盖子。为了逃命，蜜蜂整天在瓶底横冲直撞，时不时地又咬又叮，仿佛这样可以撕开一个洞似的。而苍蝇乱飞了几圈发现四处都碰壁之后，果断往最上面飞，很快就从瓶口飞出去了。蜜蜂最后累死在瓶子里了。

蜜蜂很傻，对不对？但是你要是对比一下现实生活，就会发现有多讽刺。

日本"经营之圣"盛田昭夫说过："人世间所有美好的事物，没有任何一件是可以轻轻松松得到的。因为美好的东西总是太珍稀，太复杂，太难得到。"好东西当然难得到，但太多的年轻人活成了蜜蜂，不停地埋头苦干却一无所获。

勤奋是成长的必要条件，但无论是创业还是职场，对社会

和人性的认知程度才是成功的决定因素。福布斯亿万富豪榜上共有 1226 人，其中女性只有 104 人，10% 都不到。某位从事私募股权行业的亿万富翁，在解释为什么女性很难成功迈入顶级富翁行业的原因时，举了个例子：不是因为女性比男性笨，不是因为女性传说中普遍计算能力不行，也不是因为她们冲劲不够贪图稳定，而是因为不够残酷，不够现实。

"她们缺乏霸气和强力手段，在黑暗的丛林中经常妇人之仁，只能做到中层。有一次当她斥责手下的女下属犯了错误时，她自己竟然哭了……"顶级富豪怎么会这么软弱？这位亿万富翁摇头惋惜。

星巴克的创始人舒尔茨被投资人整哭过，苹果的乔布斯也被董事会整哭过，当他们哭的时候都失败了：舒尔茨融资受挫，乔布斯被赶出了自己一手创建的公司。但当他们再梗着脖子回来，变得无比理性的时候，成就了不世传奇！

人在职场，一定要超级理性。公司不是家！公司要稳定、公司要发展、公司要基业长青！对于个人而言，你不是利润就只能是成本，你不是动力就只能是累赘，你不是凝聚力就是破坏力。

恐惧和欲望不仅仅是市场的动力，也是人降格为动物的先兆。吸口气往前走，不要兔死狐悲做 loser（失败者）模样。

职场修炼的唯一任务就是：让自己不可替代。既然是工具，就做一个大佬们信任的好工具。其实啊，何必那么玻璃心，人活在世上，王侯将相，谁又不是工具呢？

1226位亿万富翁中，白手起家的有840位，占了将近70%，良好的早期教育是先决前提，运气的作用也很大，但更来自他们快速认识并适应了现实的残酷。你善良纯洁，挺好，但如果你能救死扶伤，就不愁没有工作！我们都被裹挟在社会化大分工体系的洪流之中，不管愿不愿意，无论承不承认，每个人都根据稀缺性，而被暗中标好了价格。

商品的价值是使用价值，人的价值是利用价值。如果你一无可用，企业凭什么给你一月5000元、10000元？岗位薪酬制度的前提是你究竟能为企业解决什么问题。能解决的问题越重要越复杂，你的位置就越显赫。

当别人对你翻白眼，对你扔砖头，你不要叫嚣着什么素质和尊重，社会是个需求满足系统，一旦你进入，就必须承担满足市场需求的责任。你能写出人人痛哭流涕的剧本，至少年薪百万吧？你能为企业制定出严谨科学的市场方案，那人人都得喊你老师吧？你能带领团队将产品卖出去，头衔至少是个总监级吧？

智慧的出发点是怀疑，道德的出发点是相信！商业中不要掺和伦理，也不要抗拒别人对你的怀疑。想获得职位，就得把事情搞定，要不然就只能被离开。好吧，让我们撕掉温情脉脉彬彬有礼的虚伪，这是社会的全部事实。用不可替代性来定义自己的身价吧。

❱❱ 职场巨婴,还真不少

先讲三件真事。第一件是一位 40 岁的程序员,每次来我办公室,不敲门,而是在窗户上瞪着大眼窥探,我经常一愣神就被他吓个半死。

还有一位矮个的前同事,够不着窗户,也不敲门,而是穿着凉鞋蹦起来窥探。忍无可忍,我开会时明确在制度上写:一不能无故窥探,二尤其不能在老总办公室门外蹦跶。

第三位前同事,岁数一把,职业化不足,每天喜欢琢磨领导的喜好,琢磨领导在公司的人脉,琢磨怎样打击异己、巩固权力,就是不专注工作。离开时反而满腔怒火地怨恨我苛责和排挤他。职场中,有很多目光短浅、心胸狭隘的"未成年人"。越来越多的老板开始抱怨:中国的职场人不专业,"找个专业的人本来就很难,若想找个专业而且敬业的人,真的犹如沙里捡金，太难"！

先不说专业，先说"敬业"。我在世界 500 强的外企工作过。记得办公室里有一个电话销售——25 岁左右的年轻日本小伙子，每天跟疯了一样工作。每次我打卡时，他已经在打电话了，我下班时他还在打电话，中午甚至连吃午饭时，他还在打电话。而他的午饭，通常一瓶可乐和一盒薯片搞定。这样的人，怎么可能不成功？

这个时代就需要这样敬业的人，将个人利益和职业生涯交给公司的人。这样的人，老板跟他聊的不是工资的事情，而是会出让更多的利益、平台、权力，甚至股权。

专业的表现就是"说到做到"。生命的本质是时间，品牌的本质是承诺，不遵守承诺就是在谋财害命，连累自己的个人品牌一文不值。

一个人专业不专业，可以从以下三点进行判断：

第一，有没有无故失约？在职场，无故失约，一定没有第二次合作机会。

第二，是不是热衷与专业无关的事情？比如不用专业知识说服客户，只知道喝酒吃饭聊天，这就是典型的不专业。

第三，有没有搞定能力？作为员工，你承诺的工作时间节点，如果搞不定，一定会丧失印象分。

愚蠢的人总是盯老板的手，根本没看到手指向的方向。锤子总是坚信别人也是锤子，给自己画地为牢铸造了一堵墙，认为所有的人都和他一样。

所有新人进公司之前，我都会声明三点：

第一，以投资人的利益为第一考虑原则，这是团队存在和做事的前提。欺上瞒下是短视低俗的土匪做法。我坚信，"没有人能在所有时间欺骗所有人"。

第二，进入团队，不要搞宗派、玩小动作，所有事情都能放在桌面讲。力求做事做人出于公心，坦荡简洁。

第三，对人才的评价，我只看两点——个性成熟度和专业成熟度，细化为三个指标——视野、格局和心态。我认为这三点是一个人与另一人的根本区别。当然落实在执行中就是：有没有责任心？能不能搞定？前者是存在的前提，后者是成为高管的基础。

》停止幻想！职场的本质是交换

职场的本质就是"交换"。以拼搏做业绩，以结果换尊严。经济学之父亚当·斯密说过："我们不能期望从屠夫、酿酒师和面包师的慈善心中得到我们的晚餐，而是从他们关怀他们自己的利益中去得到。"

找工作、找平台的过程，就是一个自我营销的过程。但如果有人邀请你坐火箭，你就不应该计较所坐的位置。先拥有做事的权力和平台，然后以公司为平台，赚市场的钱和获得赚钱的能力。这是正常和稳妥的逻辑顺序。

一、如何靠谱地给自己定价

有一次，猎头帮我找到一位有多年销售经验的人，他有15年工作经验。跟他相处了一个月，我发现他最大的问题是"不成熟"。

"不成熟"首先体现在"自我评价过高"。这位"老人"总觉得自己身经百战，管理能力极其强悍。要不是照顾他的面子，我真想给他挑明：拜托，你还在找工作好吧？你要是能力那么强，应该工作找你的。年龄不代表能力。我真的不知道他的自信何来。"给自己打个 6 折，给别人加上 3 分"，这是我最后送给他的话。

"不成熟"还体现在"对薪酬的要求极高"。商业规则是在商言商，"给承诺才能提要求"，你在漫天要价之前，要先问自己一句：我能为对方带来什么？贡献什么？老板的钱也不是睡一晚，地里就能长出来的。

世界是面镜子，你只看到你愿意看到的，这叫幻境。陷入幻境很危险，挣脱出来，一需要棒喝，二需要慧根。事业即为修行，我们修炼的无非就是——"纤尘不染的客观心"。心如墙壁方能入道，外不着相，内心不乱，佛教称之为"大乘壁观"法则。职场中，一定要头脑清晰。站在企业和老板的角度，评估一下自己几斤几两，到底值多少钱。自己是宝剑就不要往挖掘机里凑，自己是红酒就不要往沙县小吃里凑。

二、送你三个锦囊

职场中什么人容易成功？我来告诉你：傻子和疯子。傻子是肯吃亏的人，疯子是肯行动的人，我在公司统称他们为"可爱的人"。

精明人聪明反被聪明误，职场这样的实例太多了。凡是做过老板的人，看人一看一个准儿。我现在基本上通过一顿饭就可以看清楚一个人。员工要坚信一点：掌控整个公司的老板必定不是瞎子，他会敏锐地辨识出哪些是"精明人"，哪些是"疯子""傻子"。

对于"精明人"，我的做法是，定量化管理，严格考核KPI。对于"疯子""傻子"，我会有意识地给他们展现个人优势、施展才长的机会，他们会珍惜机会，立下显赫战功，自己在公司的地位自然就越来越重要。

我很赞同女强人徐新的观点：员工分为明星、牛、野狗和小白兔。"野狗"业绩好，但拉帮结派，这种人要高调辞退；"小白兔"跟着你兢兢业业、勤勤恳恳，但没有业绩，最后熬成"大白兔"，因为有他挡着，下面人上不来，而且浪费你大量时间，"大白兔"也必须辞退，企业才能进步。高调辞退"野狗"和"小白兔"，把所有精力用来扶持"明星"，让"牛"失去左顾右盼的机会，奋力成为"明星"。

这是大多数公司的"潜规则"。明白了这套"潜规则"，你再结合自己的斤两，就应该明白该怎么做了吧？

对于资质平庸、出身寒门、学历一般的你我来说，让自己变值钱的最稳妥的方式是让技能提升起来。这里，我给大家传授三个小妙招。

第一，你可以跳槽，但不要跳专业。 专注一经，以此为生。专业是高薪最强有力的理由。我总是对我的员工说，这是最好的时代。感谢专业主义，感谢市场经济，一个人可以"以能力和业绩换取尊严"，不需要蝇营狗苟，不需要阴谋权术，不需要与恬不知耻的混子周旋，不需要浪费生命在酒局饭桌上。

第二，遇到能力强、肯教你、肯提拔你的人，千万不要放过。 绑定这种人，以前你可能是赤脚追飞机，之后最差也可能是坐上了"和谐号"，一路顺风，局势大好。2006年，我见过新东方创始人中的一位。曾经是学历一般的农村小孩一枚，现如今身价千万。凭什么？忠诚！他可是跟着俞敏洪沿街找电线杆刷糨糊出身。就这么一直跟着，跟来了千万身价。

第三，一定要拿业绩说话。 职场人，都是自己打造自己，业绩是高薪最好的证明。我现在对高管的观察只有两点：首先，人品正不正，是不是做事的人？其次，在自己的专业上，有没有练出来？一个人在职场值不值钱、有没有底气，靠的是业绩和搞定事情的能力。清晰思路，减少试错成本，才能在有限的职场中创造出无限的成就感来。

》马云在打高尔夫，而我在练俯卧撑

2012年我在上海工作，晚上9点多，看浦东某健身房，姑娘帅哥在跑步机上挥汗如雨。我不由冒出四个字"阶级幻境"。

人与动物不同，人生活在一个"意义世界里"。人对世界的认知，并非对世界本身清醒的认识，而是对事物所代表的"意义"的认知。社会是一个被"意义"建构的体系。说白了，是幻境。记不记得《黑客帝国》中，墨菲斯摊开手让尼奥选择："红药丸，蓝药丸，你要哪一个？"

马云迷上了高尔夫，为了和吴鹰PK，专门请了一位英国教练，让人隔三岔五从伦敦打"飞的"来杭州。2000年，我当时上中专，愁得年纪轻轻冒白发，怕失去斗志，于是每天早上起来，逼自己做100个俯卧撑。这种焦虑感，伴随了我

15年。

相对于低效率的休闲，我更喜欢忙碌的工作。在处理完各种情景的挑战后，晚上躺在床上，感觉头脑又生长出强健的肌肉，很充实很带劲。即使身体多二两肥膘，那又如何？我时常在员工都下班离开之后，一个人坐在办公室里，看风吹着窗帘，我感觉很自在。

社交效率其实很低。再加上不幸遇到各种装的人，实在烦得要死。不如谈谈客户、抓抓产品更有意义。人若无名，低头练剑。所以现在谁想约我见面，我直接发给他一个"在行"链接，舍得一小时出2300元再说。韩信是盖世英雄，遇到流氓，为了省时间省精力，麻利装孙子。但当时不知名的韩信，懂他的人，举国上下，能有几人？

文人嘛，寂然凝虑，思接千载；悄然动容，视通万里；吟咏之间，吐纳珠玉之声；眉睫之前，卷舒风云之色。这宅男之傲娇腔调，我给满分！

健身是反人性的。所以坚持下来的少。我请过私人教练。那个"90后"小哥折腾得我快废了。后来打电话催我去训练，我都不敢接。最后买了器材在家练。我的节奏我做主，有恒则天下无不成之事！

入行时，有位早实现财富自由的老领导告诫我：

优秀是一个陷阱。你刚毕业能优秀到哪儿去?

职场前 10 年,不要参加同学会,不会跟别人比。闷下头好好干 10 年,10 年后我保证你鹤立鸡群。

10 年过去了,信然!这种高手你认为他会轻易社交吗?他也就跟马云老师玩玩高尔夫。人与人的距离,近的跟点赞拉黑一样,远的如同两个世界。

做事就是修行,磨心性亮眼睛,将头脑磨成一把剑!无论是修行还是学习,对我而言都是发自内心的享受。解构一个新事物,管中窥豹,抽丝剥茧,刹那间云开月明,抬头再看山已经分明不是山,不由得心中大喜。

》职场人的宿命是"专业主义"

在我看来,职场人的宿命是"专业主义",你或者成为专家,或者成为混子,没第三条路。

是专家迟早会发光,是混子迟早会曝光。参差百态乃幸福之源,生活可以混,你可以各种作,都没问题,顶多毁了自己的生活。但工作中混,那一定会被"拿掉"。管理学中有一个"坏彼得法则",每一个下级都会自觉自愿地向上级中最差的那一位学习。不称职的上司,无论存在于哪个组织,都是企业文化和战斗力的灭顶之灾。

灵魂和身体,至少一个在路上。有一年我从国外旅游了一圈,回来一出首都机场,打开微信朋友圈,顿时觉得压抑。大家发泄着负能量,扯一些家长里短,说到底还是格局问题和时间价值问题。我在《很毒很毒的病毒营销》一书中,将大家发朋友圈的内心驱动归结为"阶层、知识和情感"。阶层分为炫耀和强调,知识分为猎奇和学习,情感分为宣泄和互动。现在朋友圈中"学习"的驱动,确实有点少。心理学中有个词叫 Existential Crisis(存在危机),即追讨"人生的意义,究竟何在?"

多年前看舒尔茨的自传,舒尔茨对自己说:"I could not allow myself, to drift into the sea of mediocrity, after so many years of hard work."(我不能容忍自己沉入平庸之海,尤其是在这么多年的奋斗之后。)那么,生活的本质,到底是什么?

我曾经萌生过出国的念头,学法语时,和来自法国图卢兹的、波音公司的年轻高管、"85后"Ivy 同志,一边品红酒吃奶酪一边聊历史。后来喝高了,被 Ivy 一激,成串的法语句子绵远如安河桥下的水。C'est la vie(这就是人生),瞎扯中随口一句,被我口头禅了好几个月,它适用于任何情景的结束语,每当我深沉地说出来,我性感沧桑的形象呼之欲出,所有法国朋友都"不明觉厉"(网络用语,意为"虽不明白在说什么,但是觉得很厉害")。

生活的本质是选择,一场没有彩排的演出,一场走向坟墓的舞蹈,一场注定要孤独的盛宴,一场持续不断的试图不堕入平庸泥潭的努力。平庸到底好不好?平庸之美与平庸之恶的边界究竟在哪里？ 在各种折腾中，你何时能坚定决绝地告诉自己，"差不多了，该停下来了"，即便后面有更奇诡的风景更丰满的世相，你也不后悔？

生命的种种艰辛才是核心，成就不过是历尽艰辛后的副产品，且不可直接得到。诗人北岛叹息：人生的痛苦是绝对的，而快乐是相对的。但生命只有自我消融在艰辛中时，才能达到一定高度。埃隆·马斯克在十几岁时就确定了自己的人生观："The only thing that makes sense to do is strive for greater collective enlightenment."（为人类的进步而奋斗。）看看人家这话，我对自己真是惭愧得要死。

花花红尘皆为修行，对于你我这样的普通人，生活的核心应该只有两个：除了有安全感的家庭，就是有存在感的事业，唯此两者才能赋予生活终极意义和个体内心宁静。其他，vanish without a trace（一切皆是浮云）。而要拥有事业上的存在感，你首先必须是个专家。我入行时也经历过在图书大厦一站一天、一个书架一个书架看书的经历，经历过两天一宿改一个破方案的时刻，经历过忙叨叨一天直到下午才吃上早饭，经历过对社会对自己乃至对人性的彻底否定。

行到极处便是知，我不会做一个混子，我的企业里不允许有一个混子。至少我能保证这两点。

》脚下踩踏实了，再往前跑

有两个传奇人物的故事，估计很多年轻朋友不知道。

有一位 IBM 中国公司的底层员工，每天的工作就是端茶倒水、清扫卫生，她坚持利用一切机会来充实自己，分秒必争地投入到学习和工作中，很快就脱颖而出。在同一批竞聘者中，她第一个做了业务代表，然后是销售经理、区域经理、区域总经理，最后做到 IBM 中国经销渠道总经理职位，这个过程她用了 12 年的时间，她就是曾经的"打工皇后"吴士宏。

另一位曾经在一家名为汤姆·麦坎的小鞋店打工，做售货员。虽然这份工作没有什么值得炫耀的地方，但他认为这份工作可以与形形色色的人打交道，非常有意思，因此他干得很愉快。凡是有顾客进商店，他就会给他们拿来各种样式的鞋子，井井有条地依次放好，然后让他们试鞋。如果他们不喜欢某种款式的鞋子，他总会不厌其烦地推荐另外一双鞋。在鞋店当售货员的几年中，他从没让一个走进鞋店的人空手而去。他就是 GE 前总裁杰克·韦尔奇。

新生儿在没有学会走路前，如果让他跑，势必会摔跤。只有经过翻、爬、立、摔倒、再摔倒，他才能大步跑起来，这个学习的过程容不得一点儿偷懒和懈怠。人力资源专家认为，从一个人的整个职业生涯来看，大学毕业后到 30 岁以前是最佳的"职场经验学习期"，就如同新生儿走路之前的学习期，"职场经验学习期"把握好了，就为以后起飞奠定了很好的基础。如果把握不好，以后就很难起飞，至少飞不高。

我们的大脑在二十几岁时为了适应成人期，达到第二次也是最后一次成长期的高峰，这说明无论你想改变什么，二十几岁是最佳时间，是我们认识、培养和发展自己的关键期。这个时候的你，无所畏惧，所以有奋斗的热情；心无旁骛，有大把的时间；生活简单，能面对更好的自己。二十几岁，你至少要做到以下几点：

（1）掌握一项专业技能，提升自己的职场竞争力。二十几岁千万不要因为任何事耽误人生最重要的事：发展自己，创造自我价值。大学期间的学习给我们提供了机会和可能，工作之后，找准方向、不断加强专业技能训练，才能让我们真正无往不利。

（2）在大城市打拼。我总是跟团队成员说：北京是世界上最伟大的城市，它无比包容，你所拥有的梦想基本都可以在这里实现，只要你足够坚持。年轻时不拼搏不闯荡，什么时候去闯荡？

（3）选一个行业扎进去。目前人才是处于饱和状态，只有新兴行业或特殊行业的人才供给不足。对于新人，用人单位的普遍做法是一开始安排在相对比较低的岗位上进行锻炼，以做人才储备。年轻人如果对于这种安排不满意，觉得这样的工作没有意义和价值，就对工作懈怠或频繁跳槽，那就会错失最佳学习期，损失的还是自己。猛将必起于卒伍，宰相必起于郡县，工作之中无大事，工作之中无小事，最琐碎的工作也能训练出一位CEO（首席执行官）的品质。

（4）结交几个有力的朋友，拓宽自己的世界。十几岁不知世事，三四十岁又会过于世故，二十几岁结交的朋友是最真诚、最交心的，他们很可能成为我们人生中的有力人脉，在以后的工作和生活中，给予我们很多帮助。

（5）养成影响一生的自我管理的好习惯。李嘉诚说过："自我管理是培养理性力量的基本功，是人把知识和经验转化为能力的催化剂。"如何平衡工作和生活，如何对待目标和任务，如何处理理想和现实，这些习惯决定着你未来的方向。

（6）不要怕吃苦！做事就是"打苦禅"，口诀就是"挺、熬、忍"，坐得住成仙成佛，坐不住变成飞禽走兽，重新修炼。这世上没有任何工作"钱多、事少、离家近"，丢掉幻想，调整认识，重新出发吧。

（7）按下你的轻狂。钱钟书说："一个人，到了二十岁还不狂，这个人是没出息的。到了三十岁还狂，也是没出息的。"在青年时期，人有虚荣心和野心也很正常，但要尽快认识自我，认清自己的天赋方向，让内在的目标取代外在的虚荣心和野心，让自己尽快靠谱起来。

搞定"贵人"的基本功

贵人肯定是比你强的人,可能是犀利的投资人、干练的经理人、老练的销售、呆萌的程序员、风趣的文案高手,反正是你急需但又不见得能看得上你的牛人。

我认识一位做私募股权投资的"80后",气质儒雅温和,笑着说,"本来他们不需要钱的,我去和他们大老板聊了会儿,就带着我玩了"。这一"带着玩"不得了,他7月份投进去1000万元,10月份该公司上创业板他拿回家5000万元。

据福布斯统计,中国10亿富豪大约有8100人,光北京千万富豪就有18.4万人,亿万富豪1.07万人,能发财的项目大家都看得很明白,就是看临门一脚时"贵人"带不带你玩。

Dropbox创始人、CEO德鲁·休斯敦在麻省理工学院演讲,提出三点人生建议:追逐自己感兴趣的事,找到最合适的圈子，以及不要浪费人生的每一天。这里面所谓的圈子，就是贵人圈的意思。

信息爆炸时代，想要从海量信息中提取智慧十分困难。我们都认为自己是自由意志，其实这是幻觉，我们往往处于自动驾驶巡航定速的状态，思考和行为模式相当容易受外界环境影响。加入一个多元化高质量的"贵人"圈，可以避免被蒙蔽的危险，朋友是你的眼睛、耳朵、大脑和底牌，使你决策更理智。如何搞定这些"贵人"，除了三顾茅庐的诚意、勇于分享利润，有没有更实际的方法？

有！那就是：让自己变成一位贵人。

当某些人还把钻营拍马、世故圆滑、喝酒扯淡，当作情商与本事加以鼓励欣赏时，我已然无力吐槽。年轻人的苦恼无非是：自己想站着，亲朋好友无一例外地告诉他，跪着舒服！

当年瑞士投资公司的蔡崇信放着400万元年薪的高管不当，不顾一切地投奔月薪只有500元的阿里巴巴。只有你自己代表了更好的前程、更高的未来收益和更有成就感的事业。自己变成贵人，让你的斗志、态度和精神变成一面旗帜，让你做出的每个承诺都成为现实，曾经高不可攀的贵人会很自然地来投奔依附你。

你要永远保持真诚坦荡的合作态度。要有大格局，须知山外有山天外有天，扬扬得意自吹自擂，气场就低了。一味索取，不懂付出，或一味任性，不知让步，到最后必然输得精光。共同成长，才是生存之道。

你要具有永不停息的进取精神。人的核心竞争力绝不是什么温柔体贴，幽默大方，那是无关大局的锦上添花。创业人真正的内核是：永不停息的自我进化能力。

李嘉诚的勤奋和自律是出了名的，这位幼年辍学的老人，每天睡觉之前，一定要看书；晚饭之后，一定要看十几二十分钟的英文节目，不仅看还要跟读。孤独是李嘉诚最自然的常态，他会不断自己抛问题、自己回答。不断地自我升级和进化。这是一种令人敬仰、催人奋发的精神，一种从绝望中义无反顾地寻找希望的精神，市场经济中最宝贵的企业家精神。

你要具有永不言败的战斗精神。大部分人一出生就注定：此生将是战斗的一生！战斗也许会有暂时的失败，但只要你还在战斗，一定会有成功的那一天。

朱元璋是中国历史上最勤政的皇帝之一，他几乎没有休息过一天。在遗诏中他说："三十有一年，忧危积心，日勤不怠。"从洪武十八年（1385）九月十四日至二十一日，8天内，朱元璋审批阅内外诸司奏札共1660件，处理国事计3391件，平均每天要批阅奏札200多件，处理国事400多件。皇帝都这样,你还偷懒?

没有经历过痛苦的人,不会强大;没有流过泪水的人,不会有坚强。当你下定决心做事时,全世界都会为你让路!当你满脑子全是目标时,等待你的必将是成功!

》老板喜欢什么样的"90后"

我曾见到一位"90后",重点大学应届毕业生,聊了有10分钟吧,真聊不下去。立刻打发她走人。傻不傻精不精,没趣没料没见识,还心高气傲、装腔作势。极其优秀的"90后",我也认识不少。或因企业家父母加持,个性极成熟,令我都汗颜;或因书香门第、举止优雅才华横溢惹人怜爱;或因天资禀赋、视角诡异见解深刻,令人受益匪浅。

一、企业不欢迎的"90后"

我也是一路拼命成长过来的,也算和数不胜数的亿万富翁们,秉烛夜谈过,并肩作战过。不敢说多有见识,也算阅人不少,有些教训和经验。

第一,不成器的"90后",背后多有一对没见识的父母;

家庭背景决定了子女的状态，而这个决定，有可能是一生的烙印和永难翻身的厄运泥潭。

第二，不成器的"90后"，一般都自我评价过高，觉得自己是真命天子、人中龙凤。不知道社会是铁打的，不着边际的自信才是纸糊的。

第三，不成器的"90后"，不懂得"谦虚是最快的成长捷径"。我虽然天然呆，毕竟痴长十几岁，一年如果吃1000个馒头，10年吃的也够塞满一车皮了。你可以藐视岁月赋予的教训，但对能养命的馒头，请保持些许尊敬。

二、企业喜欢什么样的"90后"？

我刚毕业，就管40多个销售员，像傻子一样被忽悠；在最近两年，招聘过不少"90后"，也算相对了解企业的胃口。

企业更喜欢的"90后"是这样的：聪明、谦虚、努力、上进、善良、综合素质高，能有点幽默感就更是极品了。这种"90后"，有两个特点：

第一，学习能力强。这点不多说了，职场中就是解决问题，没有学习能力很难有未来。

第二，心灵放松，气场柔和，个性成熟，进退有度。

PART 3

百万年薪，其实很简单

陈轩说：

百万年薪 其实很简单

》我的姥爷是厂长

聊聊我姥爷的故事。

5岁前,我在农村被姥姥带大,是一名幸福的留守儿童。5岁时被接回几十里外的镇上,镇里有个国营棉花加工厂,我爸妈是工厂职工,而我亲爱的姥爷,是威武的厂长。

姥爷瘦瘦弱弱,精精干干,稀疏白头发,永远干干净净;藏青色中山装,永远插钢笔。偶尔去他办公室玩,他四处搜罗糖果点心方便面,笑着等我享用完后,一手端茶杯,一手指尖蘸水,在办公桌上划拉,教我写字,都是繁体的。大多数时候,他都是背着手、虎着脸,扯着嗓门骂人,是出了名的作风严谨、脾气暴躁的老干部。

工厂业务模式简单:农民把棉花一斤几毛几分卖给工厂,工厂用机器分离出棉花和棉花籽。然后棉花被打成垛,卖给纺织厂；棉籽被榨成棉籽油，卖给老百姓；而被榨干的棉籽废弃物，当作牛饲料卖给养殖场。

一年又一年，小小的工厂成为我的童年乐土。工厂地势较高，厂门宽阔，迎面笔直大道，两侧矗立着高大的松树，西侧院里有姥爷的办公室。主路两侧又粗又大的梧桐，是我从小练习"小李飞刀"的靶子。工厂左侧整理平整的田野里有几个乒乓球台子，是小时候我带着十几个小粉丝研习醉拳的地方。再往后走是工厂车间和成片的仓库，仓库旁的消防水塘子是夏天必去的地方，里面的青蛙经常伸着舌头，死在我的弹弓下。

就这么一个小厂子，当年由于管理好效益佳还上过《新闻联播》。后来呢？姥爷退休了。

新厂长，一年换一辆车。厂里效益也开始一年不如一年，工资发不出来，养老金也没着落。工人上访，人心惶惶，工厂失去往日平静。

10岁的我亲眼看着厂子门口威风的大松树被连根拔出，卖掉抵债，我的梧桐也被一棵一棵从地里揪出来拖走。工人们自谋职业，熟悉的左邻右舍作鸟兽散。厂子说垮就垮，乐土说没就没。12岁时，我永远离开了那里。

强势一生的姥爷，大病一场后，智力崩溃。永远纤尘不染的藏青色中山装不见了，完美主义者姥爷，成了大小便都无法自理、一年四季躲在房间里发呆、见风就倒的邋遢老人。这个结局，我不知道姥爷有没有料到。

每年回家，我握着姥爷的手，任凭悲伤迎面袭来，直到鼻酸口苦浑身凉透。我抓着姥爷的手，没有多少老茧的知识分子的手。这双手能自清自净，却挡不住继任者的黑手；这双手能为国家精打细算，能赢得十里八乡的敬重，却落了不少家人埋怨；这双手曾逼着我每天看《新闻联播》，逼着我学习打算盘，逼着我每年去地里干活，还美其名曰"上山下乡劳动改造"。

姥爷光着头，推着椅子当拐杖，见到谁都微笑，脾气好得不要不要的。谁知道他当年的拼命努力、严谨和自律？谁在乎他当年一尘不染、两袖清风？谁在乎他当年一身正气、两手空空？

故事讲完了，总结三点：

第一，什么人做什么事，企业的"企"字，就是"到人为止"的意思。人才则是"人对了，事情才能搞定"的意思。

第二，做管理者跟你是一个什么样的人毫无关系。市场化的股东和老板评判一个管理者的水准，从来不会去测验民意，而是去看他输出的业绩。

第三，要用制度解决道义上的困境。靠管理者自我道德约束，其实是将企业置于极其危险的境地。制度创新才是企业管理的顶层设计。

》"老小孩"当不了 CEO

有一次和 50 岁的 L 大哥吃饭,他回忆刚担任某制造型企业总裁时,第一件事就是辞掉了一位在公司待了 15 年的部门经理。大量选拔年轻人,给期权给资源,整个公司焕然一新,大家干劲十足,销售额增加了近 5 倍。

有些人岁数再大,内心却总是蹦跶着一个小孩。这样的人很难坐上管理位置,就算有幸坐上了,也难坐稳。

为什么?战略的核心是重点论,本质是权衡取舍,外在体现是"放弃"。管理的核心呢?是"残忍"——要求极其理性。为什么,因为现实很残忍。

项羽抓刘邦老爹熬汤,刘邦说:"咱俩是兄弟,你煮了老头,横竖得分我一碗汤。"聪明的人读到这里就会知道,刘邦必胜。在刘邦眼里,项羽不过是个"力能扛鼎气盖世"的小孩。小孩子哪懂什么战略,哪懂什么管理?

王石曾说过:"人才,是一条理性的河。"可惜,职场里理性的人真不多。很多人即使拖妻带子胡子拉碴,内心深处还是个傻呵呵的14岁小孩,完全没有进入成人世界。

学开车的方法是什么?——是学刹车!学会了刹车,你就学会了开车。

人脉的本质是什么?——是个人英雄主义。你本身不具备"使用价值",什么"人"愿意跟你"脉脉"?

管理方法是什么呢?——是失控。学会了失控的辩证,才算在管理上登堂入室。

教父柯里昂说过:"三分钟能够看透一个人的人,与三年都看不透一个人的人,命运有着天壤之别。"

管理是岁月赋予的技能,是洞穿未来后的平静,是看透幻象后的自在。这个时代群魔乱舞,看透才能放下,放下才能抓住真正重要的东西。死亡与重生,离别与永恒。看穿了放下了,就是成熟。

岁月最大的敌手不是死亡、不是孤独,而是虚妄。管理最大的难题是个性的成熟。荒野中确认目标,发现和建立关系,在漫长岁月里不断加固和捍卫,这是抵抗虚妄和失控的唯一途径。

一个人心智成熟有八大标志，看看你有几个？

（1）不扯淡！不卷入低效无效的社交，相信强有力的自己就是最好的人脉，委曲逢迎远远不如低头练剑。

（2）不自虐！懂得与不完美的自己和解，不纠结不偏执，不委屈不为难自己。人生就是 for fun（意指寻找乐趣），要适时款待自己。

（3）不烦恼！不要有任何感性的困惑，成熟就是一步步消灭情绪化和不理性的过程。烦恼的时候，吸口气往前看。

（4）不着急！勤奋努力但不着急，把握事业、家庭和身体之间的均衡与节奏，创造长久的、稳定的、向上的格局。不要慌里慌张找对象结婚生孩子，为人妻为人父之前先完整地成为自己。

（5）不木讷！能听懂弦外之音并很好地回应，善于"治未病"。

（6）不软弱！对于别人的冒犯不小打小闹，在需要回应的时候态度明确。

（7）不迷茫！除了生病和亲友去世的痛苦是真实的，其他痛苦只是价值观问题而已。

（8）不争辩！小孩子才争对错，成年人只看利益。多说无益。

≫ 优秀的人只在做事上较劲

1963 年出生的孙宏斌,是我的老乡,从我家小县城去他家小县城,也就 20 分钟。

1985 年孙宏斌清华硕士毕业,25 岁时,即 1988 年,加入联想,被柳传志器重,两年时间获得火箭般晋升,任联想集团企业发展部的经理,主管全国 18 家分公司,可谓位高权重,被称为"联想少帅"。

1990 年 27 岁时,风云突变,又被自己的伯乐柳传志亲手送入监狱。坐了 4 年牢。

1994 年,31 岁的孙宏斌出狱后做的第一件事情,就是请柳传志吃饭。换作一般人,恨还来不及呢,谁还会主动去找把自己送入监狱的人?

孙宏斌低头了,换来柳传志 50 万借款、联想的强力背书和东山再起的资本。

孙宏斌得以创建顺驰房地产中介公司，领着一群年轻人，在房地产界横冲直撞、异军突起。只用 4 年时间切入了房地产开发，风一般的速度令行业大佬瞠目结舌。从 1998 年到 2002 年，孙宏斌开发出了 30 多个项目。多年后，孙宏斌骄傲地说："现在的高周转、'招、拍、挂'、现金流管理等，别人都是跟我学的。"

孙宏斌的操盘手法，其实是用 IT 行业的先进管理去打当时落后的传统房地产业。他不断挑战国内房地产业的发展速度及现金流周转率，建立起房地产行业自己的摩尔定律，成功地将房地产行业平均周期从 18 个月缩短至 7 个月。

孙宏斌的手法源于 IT 行业的戴尔模式——利用极低的自有资金启动项目，以销售回款支撑后期建设与城建配套等，再用毛利作为新的自有资金启动新项目，如此循环，极速滚动。按照他的模式，只要每一个时间点拿捏得当，每一步战略执行到位，这一模式不仅行得通，而且威力巨大。

凭借这一模式，孙宏斌仅用 4 年时间就从天津一个普通的代理商变成名震津门的开发商，6 年后，就成为天津房地产开发商老大。

再后来，疯狂扩张下资金链断掉，2007 年孙宏斌低价把公司卖给了路劲基建。我还记得那年的签约合影中，路劲基建的老总坐中间主位，孙宏斌站在一旁谦逊地笑。

同年，也就是2007年，孙宏斌重点做融创，西山壹号院就是他的得意之作；2010年融创香港上市。16年时间，孙宏斌证明了自己，也补回了监狱中4年的时光和清白的尊严，开始趋向平和稳健。如今的融创中国，账面现金、销债率（销售额/净负债）等，都是行业一流水平。

孙宏斌的经历告诉我们：优秀的人只在做事上较劲，恩怨纠葛属于情绪问题，对于做事和成长毫无意义。一个人具备做大事的能力，首先必须超级理性。不让情绪纠缠自己，懂得和现实讲和。

》"四分之一"法则和 15 个小秘诀

一、CEO 不易做

美国一位管理千亿级公司的 CEO 写的职场感想，很深刻：

除了创始人，人人都充满激情地当 CEO，但其实大多人并不合适。这是个悲剧性的悖论。但，又是事实。

身为 CEO，你将很孤单，而且所有错都得打你屁股。你会一直工作，持续伤害你的身体和大脑的健康。

身为 CEO，你要迅速反应，承担着组织的生死责任，包括邮件和手头急事，如果处理不来，就趁早走人。

身为 CEO，你要消息灵通。大家在想什么、最近在发生什么？你都得第一时间知道。

身为 CEO，你要干掉管不住的明星员工。真的，他们对团队糟糕的影响远胜于他们所创造的利润。

身为 CEO,你要阅读、阅读、阅读。向外看。带着团队去游学、去咨询、去外边猎奇新鲜的创意。

身为 CEO,你要对自己的表情和动作敏感。要体贴、微笑,对所有人打招呼。告诉他们前线销售人员和客服人员才是最重要的。管理层只是为了支持他们的。这样你和管理层才会学会谦虚。

身为 CEO,你要让你的组织成为一个充满快乐的、充满生机的组织,让每个人在工作中获得回报。

身为 CEO,你不是被工作定义的,你将离开,被忘掉。一劳永逸是傻子的想法……

当个 CEO,太难太难了!牢骚完,我再来分享一下做好 CEO 的技巧。

二、"四分之一"原则

(1)用四分之一的时间做战略。思考、研究、咨询、定义、沟通公司的未来:选择战场、决定战斗的方式、明确发展的重心(尤其是人和文化)。员工执行的有效性,要远远胜过任何框架和方法。

（2）用四分之一的时间监控绩效和风险。日常和常规的业务检查、重大项目的检查和不可避免的风险及始料未及的事件的处理。时间长了，这部分的比重会下降。因为一年半之后，核心团队将承担这些任务，而且会做得更好。

（3）用四分之一的时间建立员工的核心竞争力。建立企业文化、提升团队激情。咨询人力总监，做出系列规划，呈现各种层面的发展规划，研究怎样让员工在业务开拓中既有效而且成功。最重要的结论是：表述清楚你对员工的期望、武装他们，然后走开。

（4）剩下四分之一的时间，用来与股东、政府及供应商打交道。

三、15个小秘诀

（1）一个人究竟是英雄还是懦夫，由行动决定。我们不坚强，但我们可以在心惊肉跳之后，依旧选择坚强，这种选择，定义了我们自己，也是人生最值得期待和颂扬之处。

（2）什么叫领导力？——领导力就是一种能让别人追随你的能力，即使别人只是好奇。商业社会有个现象，叫作"客户排队"，我说个逻辑：A. 谁是商业的玄牝之门？当然是消费者。B. 那么谁最了解消费者？当然是企业家！C. 不了解消费者的企业家能否拥有领导力？没戏！因此，要想学习领导力，当然要跟着最了解消费者的企业家来学习。领导力能从商学院学到吗？不能！

没被厉害的大佬领导过，你从何而来领导力？有多少人愿意追随你？有哪些人愿意追随你，追随你的人又是什么层次？CEO要做的头等大事，就是要将聪明人招募进团队的核心层。

（3）所有的事情一起抓，就会在最重要的事情上遭遇失败。有三个专注：

A. 在根本上专注消费者利益，在产品品质上必须做到拍胸脯。

B. 在管理上专注团队能动性，有条件就做股权激励，从源头上打掉大部分内部管理成本。

C. 在合作上专注靠谱的合作伙伴，避免走弯路。

（4）把时间用在对的地方——互联网，因为这不是借势而是大势所趋。

（5）创建公司时，你必须坚信，任何问题都有一个解决方法，而你的任务就是找到解决方法，无论这一概率是百分之九十，还是千分之一，你的任务始终不变。

（6）CEO的能力是——专心致志的能力和无路可走时选择最佳路线的能力。

（7）武士道的原则第一条是——勇士之道。CEO 如果像武士一样始终将活着的每一天当成最后一天，就能在所有的行动中把握好自己的行为，就会在招聘、培训和打造企业文化中保持适度的注意力。在职场，吃喝混的人根本没有办法立足。这是游戏规则，不是个人恩怨。

（8）CEO 最重要的一条管理经验就是保持绝对理性。

（9）对公司出现的问题要做透明化处理。

A. 不透明则丧失信任，没了信任，沟通就会中断。在人类交往中，沟通和信任程度成正比。公司迅速成长，如果员工完全信任 CEO，效率就会大大提升。这也是管理良好的公司与管理混乱的公司之间的分别。

B. 参与解决问题的人越多越好。比如，在我们团队"分工不分家"，你可以是研发也可以做创意，你可以是行政也可以参与新媒体，保证每个人能得到最大限度的技能提升和视野打通。

C. 鼓励员工说出坏消息，允许自由和公开讨论，公司才能解决问题、避免危机。

（10）依次管理好——人、产品和利润。我认为，管理一定是基于专业基础。没有专业做内功，你怎么管人？怎么管产品？别搞笑了。

（11）培训这件事，管理者一定要亲自来做。这是管理者可以开展的最有效活动之一。它能直接提升员工战斗力，它能清晰地给员工提出工作期望，它能建立起员工反馈机制。

（12）一定要清晰地对员工的行为做出反馈。否则，公司业绩会一塌糊涂。

（13）极力褒奖业绩突出的员工。

我认为：创业不一定要卖掉房子开餐馆。只要你心系企业利益，你就是高管；只要你以身作则，急公司之所急，你就是老板。个人发展的野心必须建立在公司发展的前提和依托之上，0的99%还是0。这是客观现实的策略。

（14）建立严格的绩效管理和薪酬核定。"彼得定律和坏榜样法则"告诉我们，员工会拿上级中能力最差最爱偷懒的那个人做参照物，来调整自己的付出。缜密严格的人员绩效任用体系，是防止因为不公平而陷入无休止的矛盾中去。

（15）在员工面前不评价员工。多问为什么，而不要对对方提出的理由做任何反馈。不要流露自己的任何观点。

》CEO 怎样防止被团队累死？

一、CEO 的三对矛盾

有位 CEO 朋友抱怨，每天忙得上厕所都是跑着跳着去的；

另一位集团公司老板，一早上要开五个会议，在偌大的办公楼之间跑得气喘吁吁；

而最高明的一位大哥，白天打高尔夫，晚上打麻将，嘻嘻哈哈，优哉游哉，一年销售额增加了四五倍。

CEO 被累死不是新鲜事。其实作为企业管理者，用陈春花老师的话讲，无时无刻不被三对矛盾纠缠骚扰：长期与短期的矛盾，变化与稳定的矛盾，效率与效益的矛盾。

（1）长期和短期。比如你是要起量呢，还是要赚钱？你要不要品牌，要不要吃相？你着眼当下，还是惦记着后三年？

（2）变化与稳定，更多是创业和守成的取舍，能力边界的考量，防火墙的周长等。

（3）效率和效益，更是直指人心的问题。记得当年读商学院，我抛给老教授一个问题：企业的使命到底是不是利润？从科斯定理[1]出发，效率是企业的使命和存在的原因，但效益是不是德鲁克所推崇的"正确的事"？

工资毕竟不是 CEO 一个人在赚，公司也不是 CEO 一个人的公司。把自己累吐血，有什么意义？

二、团队内部要实现明确分工

三块大石头砸下来，不能 CEO 一个人扛，一定要在团队内部实现明确的分工。我参考了一下陈春花的答案，略有修改：

· 企业高层要对长期和变化负责。本质上是策略、布局、作势、时机把握和控制。

· 企业中层要对稳定和效率负责。本质上是职能、支撑、运转、价值创造和协调。

· 基层同事要对短期和效益负责。本质上是销售、渠道、

---

[1] 科斯定理（Coase theorem）由罗纳德·科斯（Ronald Coase）提出的一种观点，认为在某些条件下，经济的外部性或曰非效率可以通过当事人的谈判而得到纠正，从而达到社会效益最大化。

突破、价值交付和收益。

说白了,高层、中层和基层要各负其责,不能所有事都靠CEO来推进。

《孙子兵法·兵势篇》中写道:"凡治众如治寡,分数是也;斗众如斗寡,形名是也;三军之众,可使必受敌而无败者,奇正是也。"治理大军团要像治理小部队一样,靠合理的组织、结构、编制保证分工有序;要依靠明确高效的信号指挥系统,来保证行动一致。

当然,分工有序的前提是CEO要有"识人"的能力。我有一哥们儿家底深厚,对创业充满激情,但每次我一看他选的副手,都会忍不住摇头。他选的人不是混子,就是骗子,几十年商场历练,就是历练不出眼力。

做领导的,不能逼着英雄扛事,就是笨蛋!识别不了真正的英雄,就是失职!轻易放走了英雄,简直就是犯罪。让狗熊坐在英雄的位子上,那就该杀头了。

我记得《孙子兵法》中说:"善战者,求之于势,不责于人。故能择人而任势。"这里的"势",就是明确的责任分工。

通过责任分工,形成强悍的势能,而不仅仅是苛责同事。毕竟定规则的是老总。然后呢?选择合适的人借用已形成的势，这才是 CEO 不被鸡毛琐事累死的关键。

三、CEO 的必修课

如何去定义职位？如何定义团队中每个人的权、责、利？如何避免全体员工齐心协力"练"CEO 这种残酷的极不人道的事情发生？如何防止高层拼命，中层混事，基层累得骂娘？这是创业者的必修课。

我的解决方案有两个：

（1）清晰无情的企业文化。这里学习的是史玉柱老师。我要求团队每个人，包括代理商必须做到："说到做到、承担责任。宽人严己、只认功劳。"

当中层相信高层能说到做到，当基层相信中层能说到做到，当代理商相信基层能说到做到，当消费者相信代理商能说到做到，整个团队才有战斗力和凝聚力。

（2）清晰明确的追责体系。CEO 的任务就是要寻找自带发动机的人。有责任感、有作品感、有冲劲和实干精神的人。这种人不需要管理，只需要给平台、给跑道。

商业本身就残酷，制度也一定要残酷。这叫"主观符合客观"。绩效考核不是忽悠，除了清晰的晋升跑道，也需要清晰的退出机制。当能力和干劲撑不起职位，就得降职降薪，甚至辞退，也就是马云所说的"干掉大白兔"，整个团队才能如彼得·圣吉所说的一样"组织生命体完成修复和进化升级"。

总之，用企业文化和追责体系，保证丑话说到前头，总强过前面打肿脸充好人，事后撕破脸。

》 如何建立利益格局来管控人?

国家一级演员焦晃在《汉武大帝》里饰演的汉景帝刘启,和晁错喝断头酒,君臣两人头对头,一齐把头来低,皇帝的脸隐于袍袖之下,猛抬头,微仰,眼圈红红的,苦核桃老脸上浊泪纵横,凄风冷雨般的配乐……

这段神一样的表演,10年来一直萦绕在我眼前。

一、扩大你的格局

聪明人比拼的是成熟度,说到底,比拼的是格局!一个人越往上发展越是受局限,这个"局限"就是格局太小。在通往值钱的路上,格局会成为一个重大考验。而格局的本质是共赢体系的建立。

汉景帝31岁即位,轻徭薄赋,与民修养;厚民元气,养国命脉。对外则安抚匈奴，积极防御；创造并延续了长达60年的文景之治，也为儿子汉武帝刘彻大发神威，打下了坚实的基础。"隐忍"是景帝的格局。

晁错呢？位列三公，权倾一时。目光老辣但格局不足。移民实边，重农抑商，集权消藩，招招实在！前两招深刻，但消藩动作则过于猛烈。最佳策略应该是贾谊的"众建诸侯而少其力"的逐渐削弱的策略。你想想，"消藩"动的毕竟是当今皇上的叔侄兄弟，哪一个好惹？一招不慎，家破人亡，里外不是人。

世故圆滑的曾国藩说过：他要什么，你就给他什么，只要能把事情做成就行。

格局的本质是利益圈设计。晁错之死直接原因是"七王暴乱，袁盎进谗言"。七王不提了，利益相悖，迟早要翻脸。但袁盎是汉文帝时代的红人和强人，最后却成为自己的死敌，这绝对是晁错的格局太小和容人量小的缘故。如果换作张居正，一定是漂漂亮亮地收了，为我所用。

格局的根基是责任。汉景帝的责任是于内忧外患之中为儿子（汉武帝刘彻）拔刺铺路；晁错的责任是为刘氏江山竭忠尽智。前者筚路蓝缕，为一世之明君；后者忠义两全，为万世名臣。

但格局的主体一定是分享。天下熙熙，皆为利来；天下攘攘，皆为利往。财聚人散，财散人聚。格局的实质是对利益相关者的利益的关照。

50年的利益格局叫规则；500年的利益格局叫法律；5000年的利益格局叫文化。

懂得分享利益和权力，自然你的格局就会越来越广大，受惠者和拥趸自然越来越多。如此，你想不成功，都难！

二、五招教你通过利益格局管控人

我曾经写过一篇文章《最懂管理的是金融人》，赢得了很多职业经理人的点赞、留言。最理解企业管理的，反而是做投资并购的金融人。听起来挺诡异，但也符合逻辑。金融是生产要素中最强大最具黏性的要素。金融人相对于实业人而言，毕竟眼界更高，看得更透，掌控力更强。金融大佬自然不屑于做运营，就得找品行忠良、精明强干的CEO。如何防止内部人控制？如何保证盈利预期？这是他们经常考虑的事情。

关于如何通过利益格局来管控人，我建议大家向KKR集团[1]的兄弟掌门人学习。

---

[1] Kohlberg Kravis Roberts & Co. L.P.，简称KKR，中文译为科尔伯格·克拉维斯，老牌的杠杆收购天王。

第一招：搭建利益共同体，激活效率。

"我们是一根绳上的蚂蚱，我视你们为合伙人"，这是 KKR 经常向被收购企业的高管们说的一句话。对旗下每一个公司，KKR 都心怀诚意地将股票卖给高管们。通常会给出 20% ～ 25% 的股份，比一般上市公司给的多出 3 倍以上。克拉维斯解释自己独特的管理理念："搭建利益机制，放开口子，让一个经理成为公司主人，他就会早点上班，花公司钱时就会反复思考，争取最大的回报率，他还会需要豪华轿车和行政专机吗？"

每并购一家上市公司，KKR 都毫无例外地邀请前 20 ～ 70 名高管买下收购后有风险但潜在价值颇大的股票。这些股票会花掉这些高管毕生积蓄的一半甚至更多。如果完成 KKR 的财务目标，就能以高额的利润出售股票，赢取 20 倍甚至百倍以上的利润，退休后安度富裕的晚年。如果公司破产，则身无分文且颜面尽失。通过满足高管经济人私利的方式，实现公共利润的增加。单纯的自利和逐利动机，就能令所有人尤其是高管"众志成城"。

这也是我经常念叨的"钱在哪，心在哪！"商业中捏住了一个理性人的钱袋子，就俘获了他的心灵。

第二招：崇尚专业主义，对管理层充分放手放权，但紧密

监控财务节点。

对于郭士纳这样的明星 CEO，科尔伯格、克拉维斯两兄弟的态度是这样："你来经营公司，我来帮你融资。"他们认为自己是金融专家，但一定不是运营专家。对于运营，自己没有能力干预管理层。因此，两人有礼貌而且尽力回避该行业的经营细节。

KKR 坚信"如果你找到了合适的将军，上校和中尉都会协调一致"。1988 年，克拉维斯挖了郭士纳——拥有钢铁般意志的传奇人物，28 岁成为麦肯锡最年轻的合伙人——克拉维斯预先支付了郭士纳 1450 万美元，年薪至少 230 万美元，还有 4 年内以 1 美分每股价格购买 530 万美元股票的权利。

克拉维斯喜欢郭士纳的斗争精神："一个家伙越是和我们争股权，他就越可能成为好 CEO。"他对郭士纳说："我视同您是我们的合伙人，如果运营得当，我们能赚到 30 倍以上的利润。我不清楚多少人应该分享股份，这事情你来定，我希望大批经理人都能参与进来。"

第三招：玩转金融，建立新的薪酬体系。

在 20 世纪，普通股票投资人收益为 9%，二战后明星股票如柯达、沃尔玛、苹果电脑其年化也超不过 30%，而 KKR 的盈利目标是 5 年增值 5 倍，年盈利率约 40%；为赢得超高投资利润，KKR 通过为公司增加债务，大幅增加折旧抵扣来获得所得税方面的收益。

为了把 KKR 最优先关注的思路和价值观贯彻到成千上万的经理的日常工作中，KKR 会与高管一起重新建立一套薪酬体系。对于成功达到目标的经理将获得巨额的奖金，年薪的 100% 甚至更多，而距离目标差得远的经理则得不到任何红利。KKR 欣赏"规模缩小、作风平实但赢利稳定而良好的公司"。

第四招：极度理性——除了老婆和孩子，不要爱上任何事物。

KKR 人都是数字控，盯着财务，你能让数字漂亮，KKR 不吝啬分利，但如果你搞不定，只有被冷冰冰的扫地出门。罗伯茨是狠角色，他坦诚永远不会感性。"这是自找麻烦。"他说。

第五招：注重实干精神。

在 KKR 公司，有一个所有人都很珍视的匾额，这话来自于西奥多·罗斯福总统："价值绝不是来自评论家、质疑者，更不是来自筹谋划策的人，价值和所有的荣誉，来自勇敢者，那些亲自上战场，竭尽全力去战斗，那些脸上有尘土、有汗水有血泪的奋斗者！"

》CEO 的"三板斧"

高管哪个不是承受着时间的压力和资金的制约的？哪个不是顶着残酷的短期压力思考长期的？管理的艺术就是抓大放小，简单概括起来也就"三板斧"，其实也只需要"三板斧"。这"三板斧"就是对绩效影响至关重要的三部分：人才管理、组织管理和目标管理。

一、人才管理

（1）最重大的决策：在管理者做出的所有决策中，人事决策最重要，它决定了组织的绩效状况，持续时间更长、影响更为深远、后果更难以消除；决定企业能否有效运转，决定使命、价值观和目标能否实现。招聘挽留和培养人才对竞争力至关重要。

（2）管理者如何选人？征询与此人共事过的上司或同事的意见。此人能力如何？有什么看法？在征询意见后，再做决定。通用电气的天才之处表现在它对继任CEO的选择上，每一位继任者似乎都跟自己的前任截然相反，但通用电气连续一个世纪的CEO，个个都拥有像韦尔奇那样的才干，而且个个都是公司内部选拔出来的。

（3）如何让员工富有成效地工作？通用电气的前任CEO弗兰德说过："我想，独特的地方要归结为环境氛围：彼此尊重，在工作中尽量寻找乐趣。"A.让员工热爱自己的工作（各种激励方式、加强关怀）；B.通过分权，让员工具备管理者的态度和热情（让员工参与目标制定，让员工主导项目推进）。

（4）如何同员工建立正确的人际关系？A.尊重每一位员工（发自内心地尊重和认同，注意在细节上是否表达出对员工的尊重和关爱）；B.同员工保持距离（管理者拥有一项重要职责——人事决策，为让管理者在人事决策中维护公正的形象，必须同员工保持一定的距离）。

（5）禁忌：A.不要过度在意员工的缺陷（每个人都有缺点，无法避免；过度关注缺陷会打击他们的积极性）；B.不要带有偏见（对亲近的人给予优待，对新员工过于挑剔）；C.要重用公子哥类型的人物（他们不能给企业带来回报，容易对企业造成危害）。

二、组织管理

（1）组织的目标是使平凡的人能做出不平凡的事。不平凡的原因有四：A. 专注于绩效，标准高；B. 良好的结构；C. 重视对未来的规划；D. 人事决策公正。ABB 的首席执行官巴涅维克，是一个类似于韦尔奇的强势人物，他有个著名的 30% 原则。也就是，他接管一家公司后，总部人员 30% 遭裁撤，30% 分派到集团其他公司，30% 转入独立的利润中心，只留 10% 保留原职。

（2）设计组织结构时应考虑的四大问题：A. 组织应具备的各个部分；B. 各部分之间的结合拆分；C. 各部分的规模形式；D. 各部分间的资源配置与相互关系。

我认为，组织管理的本质，还是集权和分权中间的拿捏。没有绝对的好坏，就看能否对当时的内外环境实现动态的适应。形成"精简的创业型组织"，是所有组织设计的目标。"精简"意味着内部协同成本低、人力成本低、动作快；"创业型"意味着有激情有活力。

（3）组织结构分为三大类：以工作和任务为中心的组织

结构（职能制和任务小组制），以成果为中心的组织结构（联邦分权制和模拟分权制），以关系为中心的组织结构设计（系统结构）。

（4）没有强大的、运转正常的独立性组织，专制将是唯一的宿命。企业与团队中的自治制度非常重要——拥有自治的企业：民主员工积极工作，企业绩效高；缺乏自治的企业：专制低效，员工排斥工作，企业绩效差。

（5）如何做到组织中的自治：A.在设计制度时避免独裁和专制；B.管理者要学会授权（授权能帮你集中精力在重大核心问题上。两大基础：信任下属、监督和对被授权者严格绩效）。

（6）高层与中层之间的权力分配问题。A.高层：企业的目标，面临的挑战和机遇；制定目标、战略，以及企业的各项政策；B.中层：贯彻高层的决策，监督协调高层与基层之间的关系。

（7）企业发展的动力建立在公正的奖惩制度上。A.时刻保持公正；B.谨慎奖惩决策；C.注意奖惩要有针对性的目标；D.不要过多强调物质性的奖惩（只有大幅提高时才有用）。

三、目标管理

（1）企业的唯一目的，就是创造顾客。顾客是企业生产和发展的基础，失去顾客，企业就失去了生产的条件。企业在清楚目的之后，才能建立正确而完备的目标体系，进行合理的目标管理。

领导学研究的开创者本尼斯，曾对 90 位美国领导人做过一次著名的领导力研究。结果发现，这些人的共同特点是："对当前混乱状态的控制能力"。由此他对领导力所下的定义是："创造一个引人关注的愿景并将之转化为行动并逐渐付之于实现的能力。"本质上是在混乱中寻找到真正的目标的能力。

（2）企业为达到目的，必须具备两项基本的功能，即营销和创新。营销是企业如何发现、创造和交付价值以满足一定目标市场的需求，同时获得利润。而创新是不断发现新顾客，从顾客购买行为的变化中发现机会，其本质也是动态的市场营销。

（3）使命——"我们的企业是什么？我们的企业应该是什么"，指引企业存在的目的和活动范围。愿景——"我们的企业将来应该是什么"，指引企业未来的发展方向。管理者设定愿景的方式有三种：集成式（选同类）、凝练式（做提炼）、影响式（做圣人）。

（4）在明确企业的愿景、目标和使命后，进行目标管理。目标管理是以目标为导向，以人为中心，以成果为标准的现代化管理方法。要注意：企业中更多员工追求的不只是金钱，而是成就、兴趣、承担责任的机会和尊重、信任，以及对努力的认同。

（5）制定目标的四大要求：目标能明确员工任务，目标能知道企业如何分配资源，目标能为企业创造效益和梳理品牌形象，目标能衡量企业运营结果。

（6）目标管理体系的构成：市场目标、创新目标、利润目标、社会责任目标、财务目标、物质资源目标、生产率目标、人力资源目标等。

（7）扩大销售和提高利润，这两个目标互不相容。扩大销售意味着牺牲近期利润，提高利润意味着牺牲远期销售。只是一味地强调企业利润，就会误导管理者，甚至危及企业的生存。

❯❯ 价值58万元的管理秘诀，就一张纸

管理的本质是自我管理，自己都管不住，怎么管别人？你砸上58万元，去北大清华读EMBA，学的东西其实也就是一张纸。下列自我管理14条的精髓来自"大师中的大师"彼得·德鲁克，知行合一就是最大的修行，与您共勉！

（1）有效的领导，就是深入地思考组织的使命，鲜明地定义、建立它。订立目标，订立优先次序，订立标准并加以维护。管理者的职责有：A.实现组织的特定目的；B.使工作富有成效。

（2）管理者的五项任务：A.制定企业目标；B.从事组织工作；C.激励和交流信息；D.考核；E.培训员工。

（3）自我管理包括六项内容：A.自我认知（认识自己的优势劣势）；B.自我反省（认识到自己的目标特长行为性

格）；C. 自我评价（对行为等不足之处进行反思）；D. 自我监督；E. 自我调控（情绪和行为方式）；F. 自我激励（利用内外因素给自己心理上的刺激和鼓励）。

（4）了解自己特长的方法：反馈分析法。做关键决策时记录预期结果，9~12个月之后，按预期对结果进行反馈分析。2~3年之后就知道自己的长处究竟在哪方面。

（5）了解自己做事的特点应该考察的内容：A. 学习习惯（寻找适合自己的学习习惯——写作 or 演讲）；B. 收集信息的方式（善于听还是善于阅读，找到和训练自己最能创造绩效的工作方式）；C. 适合做决策者还是适合做顾问（很多人不适合承担决策的压力和重担）；D. 能否在压力下取得很好的绩效（有的人适合小公司 or 有的人适合大公司）。

（6）职业定位：立足长处，考虑自己的价值观，确定适合自己的工作。如果说发挥自己的能力有什么诀窍的话，那就是专心致志地工作。管理者面对众多的任务，要想迅速地完成任务，就必须专注。越是将时间、精力、资源集中于自己的工作，就越能完成更多、更有效果的工作。

（7）卓有成效的管理者，总是把最重要的事情放前面做，而且一次只做一件事情，

会秉承"要事优先"的原则。要事——对管理者和企业的

发展、收益有重大影响的事情。为什么要事优先？管理者越是想取得高绩效，越要重视自己的付出会带来的结果，以及这些结果带来的影响。而卓有成效的管理者懂得，必须先做重要的事情，这样才能获得最佳收益。这恰恰是那些优秀管理者的成功秘诀。

（8）管理者应该加强学习四方面的内容：A.专业领域：管理者应该不断从新的角度拓展自己在所擅长领域内的能力；B.心理学方面的学习：由于管理的过程中要体现人性化，而管理的客体也是人，所以管理者要学习一些心理学方面的知识；C.沟通能力的学习：有良好的沟通，才会有较高的工作效率，所有管理者应当加强沟通能力的学习；D.管理者应适当延伸在相关领域的学习，这样可能会产生相互刺激的作用。

（9）管理者有效决策的三大因素：A.确定问题（常例问题、特例问题）；B.确定决策目的（最低限实现目标的条件）；C.确定解决方案（核心条件的实现有哪些方案？这些方案又需要哪些条件？实施中可能的阻力有哪些？需要做哪些妥协沟通）。

（10）管理者要舍弃不必要的决策：A.增加企业风险；B.浪费时间和资源；C.困住精力有限的管理者；D.某些决策不做更好。

（11）管理者要学会正确地妥协：放弃一些次要事情，不影响决策性质的妥协，是正确的（一块面包和半块面包，没有致命的差别）。

（12）领导者应当具备的能力：A.某一领域的特长；B.交流和倾听的能力；C.决策和组织能力；D.培养人才的能力；E.激励人才的能力。

（13）优秀的领导者不需要感召力，领导的本质不过是一种产生更高绩效的行为，只需要良好地实践一个领导者应该做的动作就可以了。将组织引向更有绩效的方向去发展：A.领导与感召力无关（感召力不是领导者成功的保障，领导者要切实完成自己的任务和工作，才能成功。如罗斯福、丘吉尔、肯尼迪）；B.感召力可能导致领导者失败（当人们相信感召力存在时，容易导致个人崇拜，也容易使领导者专权，为组织运营埋下隐患，反而容易导致失败，如希特勒）。

（14）正直的领导者：A.对员工的品格有潜移默化的影响；B.能凝聚人才；C.能为企业带来积极向上的企业精神和文化。

❯❯ 招人就得像武大郎开店

全明星团队对创业公司而言是个灾难。原因只有一个：失控。杰克·韦尔奇是个目光如炬、犀利务实的商业实战家。他认为一个企业，其实只需要一个能干的人带领一群笨蛋，也就是一个强人带领一帮助手。

中国自古以来有裂土封侯的传统。记得10年前我第一次创业，三个合伙人都是行业专家，为一个公司名字就能在火车上吵整整一夜，谁也不服谁。决策效率低到了极点。

企业最怕内斗，赔钱还输人，三个月就"死翘翘"。别的不苛求，最起码团队先得保证一条心。60分的人才，90分的使用，才是高手。做企业的谁没经历过内讧？史玉柱为此摔过电脑，周鸿祎为此骂过娘。找一条心的、听话的、执行力强的员工，踏踏实实做产品，迟早能闯出一条自己的路。招人就像武大郎开店，要找拥有一致价值观的人一起做事，否则即便能力再强也会出问题。

先找出态度端正的人，再训练他们掌握正确的技能，而不是反过来。价值观保证了公司的可控稳定和协调，也同样反过来赋予了员工真正的工作意义和奋斗目标；既为人力资源招聘提供了遴选框架，也帮助潜在的应聘员工进行了一定程度的自我选择。一个混子，即使有打虎英雄武松那样的能力，你也得直接找他摊开了说，不改缺点就滚蛋。这就是立规矩，其他人才会警觉和遵守。旗帜鲜明地维护你的价值标准，从长期看，团队成员的绩效将大为改观。血淋淋的教训告诉我们：宁可漏过一千，不可错招一个。

价值观第一，专业能力第二。初始团队一定要找最顶尖最专业的人才，保证最高的投资回报率。在没招到这样的人才之前，自己辛苦点先顶上，宁缺毋滥。当然"三流人才，二流使用，一流待遇"是保证稳定可控的不二法门。同时注意一点，虽说是举贤不避亲，但直系亲属对团队的伤害毋庸置疑。男女朋友可以在一家公司的不同部门，直系亲属是严格禁止的。

"优秀的人，都有团队协调能力，都有很高的情商，懂得怎样沟通。真正优秀的人知道自己的边界点在哪里，知道自己如何和别人合作。往往不够聪明的人，才会觉得自己很聪明，不愿意和别人合作。"雷军这话相当有意思。他的经验是找最优秀的人，而不是以前有过合作经验的人。最优秀的人，才能将成功的概率拉高。

但优秀的人才是你争我抢的，有位非常精明的老板想了个小妙招留住优秀员工，很值得大家借鉴：

"发展骨干员工入股，将公司股份买一送一，半价销售给骨干员工，五年内退股只退还本金，五年以上退股三倍赎回。每年拿出利润的 60% 分红。股东一旦做了对不起公司的事，加倍惩罚，由股金中扣除。绝对不白送骨干员工股份，因为白给的东西没人珍惜，入股的钱可当押金，防止股东做出格的事。"

只要做到"苛刻却公正，严格却不吝啬"，对高管人员直言不讳、严格要求，做个冷漠高绩效的"武大郎"；对基层员工体贴备至，和蔼可亲，做个开明公正亲和力强的"武大郎"，演好红脸—黑脸，分清价值观和专业能力，武大郎的"炊饼店"必然蒸蒸日上。

24 段话，读懂巴菲特的商业大智慧

（1）巴菲特聪明投资的三条腿：市场先生、安全空间和能力圈原理。

A. 市场先生理论。市场越疯狂，价格和价值差距越大，投资机会就越大。

B. 稳定投资的奥秘浓缩成四个字：安全空间！不要在一棵树上吊死。在买入价格上要有安全空间，一只普通股的价值仅仅略高于价格，不会对买入产生兴趣。坚信安全空间原则，这是成功的基石。

C. 能力圈教导投资者只考虑投资他们用少许努力就能理解的公司。坚持做自己知道的事，坚持做对的事情。

（2）巴菲特认为：

A. 大多数市场并不完全有效。

B. 贝塔值不能测量风险，近似的正确比精确的错误强。

C. 投资者应该把大资金投入到两三家企业中，当投资过于分散，风险就上升了。

（3）如果你一开始就确实取得了成功，那么就不必再做实验。对于大多数投资人来说，重要的不是他们懂得多少，而是明确自己不知道的东西，只要投资者避免犯大错误，那么他或她只需要做对几件事。无论天资多高或努力有多大，一些事仅仅需要时间，刚怀孕的女性不可能在一个月的时间里生出孩子。岿然不动是聪明之举。

（4）巴菲特偏爱不可能经历重大变化的公司和行业，只以合情合理的价格，收购有出色的经济状况和能干的、诚实的管理人员的公司。他声称："出售一家不仅可以理解其业务而且业绩持续优异的公司是愚蠢的，那种商业上的利益通常难以替代。"

（5）巴菲特认为：成果不是总体规划，而是出自集中投资。通过专注有显著经济特征并由一流经营管理的公司来配置资产。巴菲特建议，选择熟悉的行业，投资可信任的管理层。近似的正确比精确的错误要强 10000 倍。每一位投资者都会犯错误。但通过将自己限制在相对较少、易于理解的行业中，一个聪明伶俐、见多识广和认真刻苦的人就可以以相当的精度判断投资风险。一个视力平平的人为什么要在干草堆里找绣花针呢？当愚蠢的钱认识到其局限性之后，就变聪明了！

（6）时间是优秀企业的朋友，平庸企业的敌人：我们同意社会将被技术公司的产品和服务改变，但我们无法通过努力学习来解决。缺乏技术洞察力并不令我们沮丧。我们坚持做我们理解的事情。如果我们迷路了，那也是因为太不留神。幸运的是，我们将永远有机会在已经立足的圈子里发达。

（7）市场是一个交换位置的中心，钱从活跃的投资人流向有耐心的投资人。巴菲特认为，他没有聪明到可以通过机敏买卖不入流公司的股份以获得高额收益。巴菲特认为其他人也不能通过在花朵之间跳来跳去获得长久的投资成功。将这些买卖频繁的机构称为投资者，就像那些在一晚上翻云覆雨然后去订婚的人，称之为富有浪漫色彩一样。发现伟大的公司、发现杰出的经理是如此之难，为什么我们非得摒弃已经被证明了的产品？

（8）选择我们能够有所了解的、有持续的和罕见经济状况的大公司。这些公司由有能力的并且为股东着想的管理人员运作。必须在合情合理的价格买入，而且要获得与估计一致的业绩。巴菲特有做投资的三板斧：首先会评估每一家公司的长期经济特征（有良好长期前景）；其次要评估负责运作公司的人的质量（由诚实和正直的人经营）；最后以合情合理的价格（有吸引力的价格）买入几家最好的公司，长期持有。

（9）如果你不愿意拥有一只股票10年，就不要考虑拥有它10分钟。这就是伯克希尔公司产生利润的方法。在历史的长河中，只有几家企业符合这些标准，一旦看到有一家合格的，就应当买入相当数量的股票。

（10）聪明的投资并不复杂，尽管说它容易也不现实。

A. 首先要正确评估选中的公司的能力。你不需要成为许多公司的专家，只需要能够对能力范围内的公司进行估价。

B. 你最好对B值、有效市场理论、现代投资组合理论、期权定价或新兴市场等一无所知，只需要知道如何评估一家公司，以及如何考虑市场价格。

C. 以理性的价格买入一家有所了解的公司的部分股权。

（11）凯恩斯的投资者才智比得上他在思想上的才华，1934年8月15日（那年凯恩斯大叔52岁），他在写给生意合伙人斯考特的信上说："随着时间的流逝，我越来越确信，正确的投资方法是将大笔的钱投入有所了解的企业及完全信任的管理人员中。认为一个人可以将资金分散在大量他一无所知或毫无信心的企业中就可以限制风险，完全是错误的。"……毕竟一个人的知识和经验绝对是有限的。

（12）巴菲特认为：我们的态度适合我们的个性及我们想要的生活方式。丘吉尔说：你塑造你的房子，然后他们塑造你。我们知道我们希望被塑造的方式。为了这个原因，我们宁愿与非常喜欢和敬重的人联手获得回报，也不愿意与那些令人乏味或讨厌人交易实现110%回报。巴菲特坦言，有时候成功的秘诀有个字：being there（身逢其时）。

（13）塞缪尔·约翰逊说过：一匹能数到10的马是杰出的马，但不是杰出的数学家。一家能在行业内有效分配资产的纺织品公司是杰出的纺织品公司，但不是杰出的公司。巴菲特认为：成功投资的关键在于一家好企业的市场价格比固有的企业价值大打折扣时买入其股份。投资商要把自己当成企业分析师，不是宏观经济和投资师。

（14）巴菲特认为，他和查理·芒格只干两件事：一是吸引并留住才华横溢的经理。二是给每一位经理人一个简单的任务。总之，要塑造一个长期利益格局，使经理人能够像所有者一样去思考公司的利益。

（15）巴菲特对经理人有三条原则：热爱自己的公司、像所有者一样思考、廉洁奉公并才华横溢。巴菲特认为：经理是股东资本的管家。最好的经理在进行公司决策时能像所有者那样思考。培养经理人的管家意识，是巴菲特的治理理念。选择能干、诚实和勤勉的领导人，拥有一流的团队成员，远比设计等级制度、明确向谁汇报、汇报什么和什么时候汇报重要得多。

（16）我从不相信为追求家人朋友所没有的和不需要的东西，而拿已有和需要的东西去冒险。我们相信开诚布公对经营者自己也有益，在公众场合误导他人的 CEO，最终会在私下误导自己。

（17）菲尔费雪认为：公司的策略，好像餐馆在吸引潜在客户时的策略一样。一家餐馆寻找的就是特定的老客人，并最终得到合适的信徒。如果做得专业，老顾客会经常回来消费。但餐馆经营品类不能经常变化，那会将导致客户晕头转向和心怀不满。

（18）我们偏爱那些不大可能经历重大变化的公司和行业。我们相信在 10~20 年内存在巨大竞争实力的买卖，但它排除了我们所寻找的确定性。我们对太空搜索的态度非常相似，我们会努力鼓掌欢呼，但宁愿跳过这种旅行。

（19）See's 与我们 1972 年买进时有所不同，但人们为什么要买盒装巧克力，以及为什么从我们这里而不是从别人那里购买，其原因相比 See's 家族在 20 世纪 20 年代创建这家公司时，实际上没有任何变化。而且，这个动机不大可能在下一个

20年甚至50年中改变。

（20）我们寻找相似的可预测性。与可口可乐一起出售的是热情和想象力。可口可乐的竞争优势和绝佳的经济实质，在公众的偏好中确立自己的位置，多年来一直保持恒定。可口可乐和吉列的投资寿命极长，会继续在遍布世界的领域中占据主导地位，并且在接下来10年中会再现这种业绩。这就是所谓的"必然如此的公司"。这种公司极其稀少。领导能力本身提供不了这种必然性。

（21）如果收购了糟糕的公司，忽略了赢利颇丰的根基，那么投资者的苦难经历将无休无止地开始了。几年前可乐和吉列都出现过这种问题。可乐培育小虾，吉列钻探石油。大多数投资人会发现拥有普通股最佳途径是投资收费低廉的指数基金。

（22）雪茄烟蒂投资法：便宜货终究不便宜。一是问题不断让你度日如年，二是任何你得到的初始优势都会被低回报侵蚀。比如你用800万买入一家能以1000万出售或清算并且立即执行的公司，那么你可以得到高额回报。但是，如果这家公司在10年后才能以1000万卖出，并且在此期间每年只能挣到并派发相当于成本几个百分点的红利，那么这项投资就会令人大失所望。总之，以一般的价格买入不同寻常的公司，远远胜过以不同寻常的价格买入一般的公司；以中等价格买入上等企业，而不是以上等价格买入中等企业。

（23）优秀的骑士会在好马而非衰弱的老马上充分发挥。当以聪明才智闻名的管理人员对付以糟糕的经济状况闻名的公司时，纹丝不动的只有公司的名声。我没有学会如何解决公司的顽疾，而是学会如何避开它们。我们全神贯注于发现我们可以跨步走过的 1 英尺跨栏，而不是因为我们获得了越过 7 英尺跨栏的能力。只固守简单明了的，通常要比那些要解决困难的，利润高得多。躲避巨龙而不是杀死它们，我们已经做得够好。

（24）当习惯的需要起作用时，理性会屡屡枯萎凋谢。在犯了一些错误之后，我学会了只与我喜欢、信任且敬佩的人一起开展业务。投资人如果尽量将自己与好公司和优秀经理人结合在一起，也能成就伟业。错过一个人能力范畴之外的大好机会不是什么罪孽。在绝大多数情况下，杠杆仅仅使事情运动得更快，我从来不匆匆忙忙，我享受的过程远多于收益。

PART 4

有些"坑",
千万不要跳!

陈轩说：

有些"坑"，
千万不要跳！

》发财无上限，做人要有底线

有一次我忽悠朋友老邹，说有个项目很赚钱，要不要一起干，老邹嘟嘟囔囔地拒绝了。这进一步提升了我对他的尊敬。

金钱的快感，在于它能带来更多的选择，而不只是更多的物质。人类不会因为更多的豪车美女而快乐，能享受真正的休闲，能逃离战争、贫困、腐败导致的焦虑和绝望，能获得自我成长和完善，只有财富才能使这一切发生。但不该赚的钱不赚，这是底线。

一、享受生活，just for fun！

有时候我们努力，仅仅为了结识有趣的人。我的目标就是有朝一日能和我的偶像、步步高的创始人段永平一起喝茶。

1989 年至 2000 年，段永平 11 年埋首于实业，打造出小霸王和步步高两个品牌，2002年为了履行当年对妻子的承诺，将企业潇洒地交给当年一起打天下的弟兄们，只身奔赴美国过起了自由投资人的惬意生活。在美国又接连重金投资网易、UHAL，收益巨大，名震江湖。这样厉害的人物，低调得无声无息。

曾经有人向段永平请教忠告，他说："如果一定要说，那就是'享受生活'，那是人来到这个世界的目的。"这就是段永平的价值观，也可以说是他的"做人文化"。

"有些外在的东西是外人对你的评价，但你自己是不是感到很快乐？我觉得这个特别重要。快乐人生才是最大的财富。我见过太多的例子，很多人是因为有了钱以后变得不快乐了，而我个人认为如果一个有钱人因为钱而不快乐是很愚蠢的。"

二、有文化的企业才能长久赚钱

做人要有文化，才能成功；做公司也要有文化，才能发长久的财。青春无敌的扎克伯格，在Facebook发展过程中，有自己的管理秘籍：定期主持的德鲁克管理思想读书会。德鲁克说过一句话，做企业最重要的就是两件事：一件事是做营销，另一件事是做企业文化。

怎么强调企业文化的重要性也不为过。巴菲特、韦尔奇、段永平，都不约而同反复强调过："企业真正的核心竞争力就是企业文化。"企业文化就是要做正确的事情，但把正确的事情做正确了才会有绩效。概括起来，就是"做对的事情"和"坚决不做错的事情"。巴菲特厉害之处就在于他能坚持不做他认为不对的事情，要坚持这点其实非常不容易，因为"不对的事情"往往有强烈的短期诱惑。

2014 年，vivo 手机品牌分享会的主题是"坚守本分，勿忘初心"，一看这八个字，就知道是高手。商道即人道，这种话只有参透了规律的智慧之人才提得出来。"坚守本分"，就是坚守自己的能力圈，坚持只做对的事情。"勿忘初心"就是胜不骄败不馁，保持平常心。在吃了很多亏后，不断悟的人最后会悟到"道"的。

有一位投资高手，要在两家公司中选一家投资。第一家的厂房标语是："早上吃好，晚上早睡"；另一家的标语是："大战九十天，创造新辉煌"。第一家工人的工资大概是 4400 元，第二家工人的工资只有 3200 元，于是果断投资了第一家，后来赚得盆满钵满。早上吃好，晚上早睡，这就是企业文化，代表了企业管理层的心态和做事风格。

步步高创始人段永平说自己从来没有品牌价值最大化的任

何计划，甚至不懂什么叫品牌价值最大化。他最关注的是用户体验和改进的方法，他追求的是如何能提供给消费者有用且喜欢的东西。他认为如果能一直坚持这样做的话，20~30年内说不定也能做出像iPhone或者wii一样的产品。

"不本分的钱不要赚"，这句话怎么理解？听听段永平怎么说：

- 本分，我的理解就是不本分的事不做。
- 所谓本分，其实主要指的是价值观和能力范围。
- 赚多少钱不是我决定的，是市场给的。
- 谋事在人，成事在天。
- 本分的意思是不干不该干的东西。知不知道什么该干是能力问题，明知不该干还干是作风问题。
- 赚了不应该赚的钱当然就是不本分。虽然大部分人认为有钱赚就行，但我们公司是属于知道有些钱是不能赚的这类公司。
- 如果这类公司越来越多的话，消费者就会安心很多。

上道了不等于到了目的地，知道对的事情离能把事情做对可能还有相当长的时间。好消息是，只要上道了，快点慢点其实没啥关系，早晚你都会到罗马的，if you really believe that（如果你真的相信）！

》为什么要"早买房晚买车"?

一粒麦子有三种命运:一是磨成面,被人们消费掉,实现其自身价值;二是作为种子,播种后结出新的麦粒,创造出新的价值;三是由于保管不善,发霉变质,丧失了自身的价值,还损坏了一个袋子。一元钱也可以有三种命运:一是被人们消费掉,换成吃穿用度;二是购买了资产,钱生出更多钱来;三是购买了负债,它将带走更多的钱。

一、钱的第一种命运

有这样一个故事,一个富人送给穷人一头牛,穷人满怀希望开始奋斗,可牛要吃草,人要吃饭,穷人于是把牛卖了,买了几只羊,吃了一只,剩下的来生小羊;可小羊迟迟没有生下来,日子又艰难了,穷人又把羊卖了,换成鸡;穷人想让鸡生蛋赚钱为生，可还没等到鸡生蛋，家里揭不开锅了，穷人把鸡也杀了；最后，穷人又变得一无所有了。穷人之所以贫穷，根本就在于他只懂得消费。

金钱的一个主要用途是满足日常消费，可我们对待金钱的时候最怕的是把钱全部消费掉，不懂得留下让钱生钱的种子。

有一个被很多人忽视的投资理财的重点，那就是本金。巴菲特投资理财的年化收益率才达到15%，对于幸运地成为赚钱的那一个年轻人来说，他的年化收益率超过巴菲特的概率非常低。我们就以15%计算，他的本金1万元，一年的收益也就1500元，一件冬季大衣的价格；他的本金10万元，一年的收益能达到1.5万元，这点收益能让我们换个好点的手机，再大的用途就找不出来了。可对年轻人来说，10万元的本金却是一笔庞大的支出。

理财致富的真相在本金，本金太低，连复利和高利率都帮不了你。年轻人理财最大的难题就是本金问题，这就需要做到控制消费的欲望，强制储蓄钱，为理财积累第一桶金。

谈到理财，业内通用的是"10%法则"，即每月把收入的10%拿来储蓄，积少成多、集腋成裘。对于大多数人来说，偶尔省下收入的10%存下来很简单，但每月坚持下来并不容易。一直以来，很多人的储蓄习惯是：收入减支出等于储蓄，但是在这种方式下，支出有一定的随意性，往往会导致收入越低越没钱可储，只得作罢。年轻人理财应从强制储蓄开始，将储蓄放在前，消费放在后，即支出等于收入减去储蓄，严格控制支出数量。

二、钱的第二种命运

金钱最理想的状态就是发挥种子的作用，让钱生出更多钱来。比如，张小姐将房子出租出去，每月收到的房租，在支付了租房费用和月供贷款之后，还剩下 300 元，她的净收益就是 300 元。这 300 元会源源不断地流入张小姐的口袋。

这就是富人的思维。他们会花钱买入资产，也就是那些购买后能够为我们持续创造收益的东西，流入资产项目的钱越多，资产增加得就越快；资产增加得越快，现金流进来的就越多。当资产项目产生的收入足够我们日常支出的时候，也就实现了财富自由。

真正的资产可以分为下列几类：

（1）不需我们自己到场就可以正常运作的业务。比如，我们拥有某企业干股，不需要参与管理，只需享受年底分红，这笔干股就是资产。而对于参与经营和管理的企业家来说，虽然你拥有企业的所有权，但自己必须在企业工作才能享受收入，这就做不到财富自由。

（2）股票、债券、基金等金融资产。它们的最大特征是可以在有组织的金融市场上进行交易，一方面具有迅速变为货币而不致蒙受损失的能力，另一方面它们兼具收益和风险，善加管理，就可以有效规避风险，并保有一定的收益率。

（3）产生收入的房地产。它的资产性体现在两方面，一是升值空间，二是持续的租金收入。

（4）专利权，如音乐、手稿、创新技术专利等。

（5）任何其他有价值、可产生收入或可能增值并且有很好的流通市场的东西。

三、钱的第三种命运

贫穷者的思维是用钱买入负债，就是那些购买后你要持续在它身上花钱的东西。比如赵先生，他买入一辆车，保险、停车费、汽油、保养、洗车等等，大概一年需要支出 3～5 万元的费用，10 年后价值趋近于零，这就是负债。负债不仅不是税后收入，还是一种税后支出，你躺着它都在花你的钱。

需要不断投钱的车是消费品，而能够产生收入的房是投资品，这就是早买房晚买车的道理所在。在花钱时，如果是投资，只要未来有回报，现在就不存在贵不贵的问题，如果是纯

消费和负债，现在再便宜也是对金钱的亏损。

大多数人不清楚资产与负债之间的区别，甚至把负债当作资产买进，这导致了绝大部分人在财务问题中苦苦挣扎。

我们身边有很多这样的案例：小夫妻结婚后，没钱买房先买辆车；攒几年的钱后，就贷款买一套属于他们自己的房子，然后陆续进行相应的装修、买入新的家具；再攒几年钱后，也许还要再换辆新车。在一生最珍贵的二三十年里，他们一直处在还贷的队伍里，一辈子都没有钱去买入资产来做投资。

如果你想变富，只需在一生中不断地买入资产就行了；如果你想变穷，只需不断地买入负债。搞清楚了资产和债务的区别，财富自由就触手可及。

❯❯ 微商危险吗？

作为社交化电商的主要模式，微商因为门槛低、不需要注册审核而吸引了很多人加盟。中国互联网协会发布的报告显示，2016年全国微商从业者超1500多万人，行业总体规模超过3600亿元。

微商很火，却很危险，一不小心就会玩火自焚。

某小黑裙700万粉丝公众号一夜被封杀，对此，创始人王女士说："其实这个营销模式并不稀奇，但是我觉得模式不是创新，产品才是真正的创新，大家不在乎钱，而在乎的是小黑裙的产品。"

这段话其实有待商榷。

从产品上说：微商其实难有创新，产品力的维度要高于营销力。产品力十足的根本没必要走微商。而从渠道上说：内容电商风口已过。

微商的模式既避开了淘宝平台过于开放导致的同质化、比价化的残酷压力，又能在微信闭环中重塑消费群。整个赢利模式更软、更柔、更轻、更快、赚得更多！作为破局策略自然极好。

但是商业的关键是交易，交易的关键是信任。信任有两层：第一，微观层，建立在熟悉基础上的"人格信任"；第二，宏观层，比如国家、货币和专家等人类信用共识体，被称为"系统信任"。人的社会化和国家的现代化，本质上就是要从"人格信任"迅速进化到"系统信任"。

微信是线下人格的线上化，平台无力也无义务去审核每一位个体，基于微信的人与人之间的熟悉和信任程度，即人格信任，就成了微信平台交易的关键。

我素来不看好微商，原因在于：商业发展的本质是客户拓展，而微商在拓客上相当乏力。一锤子买卖不是生意，拼命杀熟难以持久。除非外部导流，或者冒险采用传销，否则极难扩容。加之微信圈层化封闭性愈发明显，叠加人群喜新厌旧，业务流难以持久。

传销就正是借助你的人格信任，沿着你的社交链条，去营销你的朋友、去营销你的朋友的朋友、去营销你的朋友的朋友的朋友。让每个人不但成为消费者，更成为经营者。人人都是节点，关系链就是营销链，人格信任就是最好且零成本的背书和担保，通过社交网络的放大和加速，最终以几何级数的曲线实现链式传播和病毒传染式推广。

《禁止传销条例》第七条规定，下列行为，属于传销行为：

一、组织者或者经营者通过发展人员，要求被发展人员发展其他人员加入，对发展的人员以其直接或者间接滚动发展的人员数量为依据计算和给付报酬（包括物质奖励和其他经济利益，下同），牟取非法利益的；

二、组织者或者经营者通过发展人员，要求被发展人员交纳费用或者以认购商品等方式变相交纳费用，取得加入或者发展其他人员加入的资格，牟取非法利益的；

三、组织者或者经营者通过发展人员，要求被发展人员发展其他人员加入，形成上下线关系，并以下线的销售业绩为依据计算和给付上线报酬，牟取非法利益的。

综上可见，做微商并不是那么好赚钱，赚大钱的人多游走在法律边缘，风险不能算低。当然，据说微商成了坐月子必备，如果是正规产品，模式干净，出于分享和赚零花钱的初衷，还是可以玩一玩的。

》二流人才、三流行业，创建出一流的企业

一、事没做成，讲得再有道理，别人也觉得是个屁

有一年我参加营销论坛，见到某手机创始人。他给大家畅谈创业伟绩，后来我才知道，他的公司其实3个月之前就已经倒闭了。话讲得再漂亮也没用，商业成败才是真正的实力。

"事做成了，放个屁别人都觉得有道理；事没做成，讲得再有道理，别人也觉得是个屁！"

产品人格化，CEO明星化，是网红时代的导流技巧。网红经济，"网红"只是万里长征第一步，"经济"才是商业的根基。刘强东和"奶茶妹"就是京东的网红，但京东强悍的供应链体系才是真正的实力堡垒。马云是阿里巴巴的super网红，但阿里2015年总营收943.84亿元人民币，净利润688.44亿元人民币是硬实力。这些数字说出来，所有人都得服气。

我曾和行内大佬聊过罗永浩老师，都对其内心敬佩，但同时也都对老罗的项目遴选存疑。套用一句时髦的话："不要用战术的勤奋掩盖战略的懒惰。"这些都是市场选择的宿命与救赎。有些钱，天上飘，只能看看而已。有些肉，注定是别人吃的，我们咽咽口水即可。市场上有太多的财富和机遇，与你我无关。市场选择直接决定产品和企业的成败。

二、选品！选品！选品！

锤子科技2012年5月28日成立，到现在成绩如何？锤子手机人尽皆知，锤子发布会具有神一样的舞台效果，但销量如何？T1到2015年8月时的销量是255626台，坚果不到100万台。三款产品的整体销量都没有达到预期。同样与坚果同价位的红米手机，3年时间雷军卖了1.1亿台，是罗永浩的100倍。完全不是一个量级。

雷军不是将聪明和强悍写在脸上的人，他属于深沉厚重的人才。10年来的营销策划工作，我算有一点浅薄的心得：如果这个山头当不了老大，就一定要及时转向，另辟出路。新出路或新战场唯一的遴选标准是：是否契合企业核心竞争力。基于核心竞争优势的新市场创造，才是战略王道。你究竟有没有找到一个"利润像病毒一样自动疯狂繁衍"的项目？

在互联网界雷军肯定不是个 winner（胜利者），他做的金山杀毒输给了 360 杀毒，他做的电商输给了当当，他做的米聊也输给了微信。也就是说，在互联网行业，雷军不属于超一流人才，但是雷军开始做手机了。不到 5 年时间，从 2011 年的 0 做到了 2015 年预计销售 1 亿部。

有人在网上调侃雷军和小米："二流的人才进入三流的行业，没想到做出了一流的企业"。这就是行业选择的重要性。

苏宁张近东评价一号店的倒掉，认为戴尔副总裁出身的于刚（雷军校友），在管理、供应链上都极其优秀，问题就出在选品上。自 2008 年 7 月网站上线以来，销售额快速增长，由 2008 年的 417 万元增长到 2009 年的 4600 万元，再到 2010 年的 8.05 亿元，又到 2011 年的 27.2 亿元，进入中国电子商务的第一梯队。但前期过于聚焦在食品饮料行业，后来"卖身"给沃尔玛更是作死之举。现在，1 号店一年营收 100 亿元不到，一年亏损几十个亿，业务规模急剧萎缩。

三、手机这个语境，新手只有被虐

罗永浩如今步履维艰，很大一部分原因就是误入了手机这个行业。我认为任何行业都有自己的成功关键因素，通常不超过三个。手机行业真正的壁垒是：产品研发设计、供应链管理和企业文化，而不是营销。

作为没有任何行业积累和知识积累的锤子手机和罗永浩，在前两项失分太多。而且手机行业符合摩尔定律，每 18～24 个月，性能提升一倍而且价格不变。完全不给新手绘制学习曲线的时间。没有供应链上的通盘运筹，营销再好，只能砸牌子。预期被调动起来了，但产品出不来，或者技术出来了又被凶猛吐槽。这门生意是没法做的。

锤子再漂亮，老罗也不是这个行业的实力派。产品设计、成本管理、供应链管理、企业文化与组织搭建，每一个都不是老罗所擅长的。2016 年 5 月份的数据显示，中国市场手机销量前五名分别是：华为、OPPO、vivo、苹果和三星。其中华为市场份额为 17.3%，而 OPPO 实现了两倍的增长达到了 11%。

以己之短，攻敌之长，是对别人几十年付出和学习的蔑视。手机这个语境，即使剽悍如老罗，只要是新手绝大多数都会被虐和当炮灰。

》战略的本质，是选择"何事不为"

8年前创业，我们帅气的客户总监，抱着公司所有客户资料，玩起了人间蒸发。后来我和儒雅的创意合伙人两个人，在"六度分割理论"（Six Degrees of Separation）的鼓励下，凭借两个大头两张嘴，靠不断复盘细节和逻辑推理，不断缩小和锁定其活动区域，用4个小时，竟然在当时50万人口的天通苑，将他逮了个正着。

很多人有脑力，但是心太小，成不了大事；有的人心很大，脑子不行，也成不了大事；有的人脑子和心都很大，体力很差，也成不了大事。

很多成年人，遇到事儿的时候还是不会好好说话。创业公司老人出局的，一般只有两种：第一，没规矩的"野狗"；第二，没能力的"大白兔"。这两种人本质上都是心态出了问题。心态出问题还是由于价值观出问题，只能自省自救。其他人基本无能为力。

要知道，再蠢的CEO也舍不得干掉高绩效人才，尤其创业企业。高薪酬、低贡献而丢了工作的，每年外企白头发的高层一大把。商业残酷，CEO的使命只有两个字：发展！他必须也只能从大局角度看问题，深吸一口气，一步一步消灭小我，才是最根本的为团队负责。

我给创业团队也做期权激励。我的原则是："宁可丑话说前头，省得事后撕破脸"。公司一定要对老人讲情义，老人身为表率和臂膀，也一定要有格局观和大视野，更不宜自我评价过高。小孩打架的、互相伤害的短视行为，能不做就别做。打工不易，创业不易，圈子太小，且行且珍惜。

我喜欢"90后"的脑洞和欢乐，但一般会尽量避开"90后"创业者。因为在有限的几次与"90后"创业者近距离沟通中，总体感觉代沟有点大，我没有能力迅速弥合，其实也没多大兴趣去为难自己。

比如：管理知识、商业认识和市场切入方式的代沟，这是思维共振和逻辑推演的根基。当然并不是说必须有这些基础才能取得世俗的成功，但有可能如同"60后""70后"看"80后"的我一样，谁都没有错，是岁月错了。

比如，职场经历中，收获最大的是做专业营销策划的经历。虽辛酸波折，不忍回首，毕竟乐在其中。但高手见多了，口味刁了，遇到明显的外行，经常缺乏耐心。

比如，对度过艰苦岁月的人来看，快乐是奢侈品，可有可无；而对于"90后"而言，快乐是必需品，和阳光空气一样与生俱来。

HBR《哈佛商业评论》采访WPP集团CEO苏铭天时问他"如何管理年轻人？"

苏铭天回答："我父亲曾对我说：'培养对一个行业的热爱，在行业中建立声誉，积累一些长期的东西。'时下不流行这一套了。年轻人如同蜜蜂一样飞来飞去，经常换工作。"

有次周一9点，我们人事经理收到本该今天入职的"90后"的短信："失恋了，不来了！"还有另一位更奇葩："今天风大，不来了！"

找一家中意的公司、找一个中意的岗位，坚持10年必成大器。这是我一直信奉的职场理念。无论你是"80后""90后"，还是"00后"，我认为未来10年，一定还是如此。

我一直告诫自己的亲戚朋友，不要盲目创业！打工难道不是在创业吗？创业难道不是在打工吗？看透了才能放下。有时候，创业的业，有可能是"业障"的业。**职场中最宝贵的是别**

人的信任和做事的机会平台，首先要学会感恩，然后要珍惜，最后要全力以赴！如果搞不定就直说，关掉公司不丢人，止损离场也是次优选择。毕竟谁的钱都不是大风刮来的。

商业成功的第一步是活下来，拥有正向的现金流；第二步是赚到钱，拥有自由现金流；最后可以更宏大点：让世界更美好！

创业成败，是多维的结果，"求之于势，不责于人！"才是正理。当然，以后可以尽量融一些不着急的、不掺和运营的钱；进入一些不着急的、不那么缺钱的行业；找到不着急的、不伤害身体健康的工作节奏。任何经历都是财富。

对了，2016 年 HBR 评选出来的"全球百佳 CEO"有三位中国人：郭台铭、马化腾、李嘉诚。向这三位真正的 CEO 致敬！

》这些年，你错过了多少发财的机会？

大学时代的一个同学，玉树临风，面如冠玉，目似朗星。追求者甚多。不乏家产上亿的"大公主"对他爱得死去活来的。但这哥们儿对公主们横眉冷对，认为自己既然是做大事的人，不能这么早就掉入温柔乡，于是先从考研开始拼搏。

10年后，同学聚会再见面。我惊讶地发现他形容枯槁，背都开始驼了起来。细问才知道：考研没考上，去了广告公司做了天天熬夜写方案的"马仔"；房子买在了郊区，一天光挤公交地铁，就得6个小时。老婆怀孕受不了公交车的汽油味，天天吐得泪流满面。儿子出生，附近没有像样的学校，于是一咬牙又到城里租房。

工作一年到头，也就能攒个三五万元。天天加班，自己还情商低，动不动被"修理"，只能生闷气。他都怀疑自己会得癌症。老婆还怨声载道，指着鼻子骂他"当年瞎了眼选了你"；人穷无友，晚上睡不着，愁得没法，人生陷入了死局，破局无望，除了苦笑，还能干啥？

在这个看似机会满地的时代，机会实际上稀缺到了极致。巴菲特说过：人一生有12次机会，任何一次抓住了，都能飞黄腾达，但如果12次都悲催地错过了，那真是神仙也救不了你了。

微博2012年最火的时候，新浪集团花760万元买下weibo.com这个域名。这700多万元，对任何一个工薪族来说都意味着天降横财。一位名叫"杨伟波"的哥们儿，闲着没事，用自己的名字注册了这个域名，没想到不到100元的域名费用，竟然换来760万元。

这种机会属于看得见摸不着的伪机会，可遇不可求。新行业才有新机会。比如病毒视频行业。这个行业始于2006年的胡戈，通过广告做营销，逐渐演变出病毒视频。2009年年初，卢正雨帮康师傅绿茶用十几万元做了8集微电影，每集6分钟，获得过亿点击量。2009年，优酷第一部互联网自制剧《嘻哈四重奏》，点击量过亿。2010年的黑马网络电影《老男孩》，开启了网络影视剧这个新行业。网剧打掉了所有中间环节，可以直接与消费者互动。

拍第二季《嘻哈四重奏》，卢正雨终于买了人生中的第一台车；拍第三季《嘻哈四重奏》，卢正雨在北京买了房；拍第四季《嘻哈四重奏》，被周星驰收为弟子。

那该如何抓住发财的机会呢？

第一，态度端正，头脑清晰。

作为平民子弟，你唯一能出人头地的原因是，你有野心。即使一个月你拿 2000 元，也用拿 2 万元的态度去做事，主动去做 2 万元的人该做的事情，站在月薪 2 万元的人的角度去看问题。你工作不是为别人，而是为自己。假以时日，必然能够拥有一个月 2 万元的知识和能力，得到 2 万元甚至 5 万元的月薪，这是自然而然的结果。

第二，未雨绸缪，专心积累。

1980 年 12 月国家提出"摸着石头过河"。1984 年 5 月几个年轻人注册了四通公司，四通即 Stone（石头）的音译。1978 年十一届三中全会上提出了"改革开放"，1989 年，医院副院长陈泽民辞职下海，用 1.5 万元办起了"三全冷饮部"，以示对改革开放的敬意。20 年后三全食品销售额破 20 亿元。1999 年，马云 50 万元创办阿里巴巴，对跟随他的 17 个人承诺，将打造出全世界最牛的电子商务公司。2014 年阿里巴巴上市，市值达到 2314 亿元。

第三，扩展人脉，勇于尝试。

凡是好听的话都不去当真。凡是过于热情的人都不要去靠近。隔三岔五泼冷水，倒可以坦诚沟通。平平静静不近不远的人，值得充分信任。好人缘是前提，好能力才有资源交换的可能，才有云淡风轻地谈笑皆鸿儒的可能。

一句话：卡位、布局、等风来。这才能保证最高的成功率。

PART 5

巨变时代
创富新玩法

陈轩说：

巨变时代创富新玩法

》"罗胖"为啥会抛弃 Papi 酱?

一、"罗辑思维"的逻辑

"罗辑思维"是罗振宇先生的脱口秀,后来会员多了,也就成了平台;"Papi酱"是姜逸磊女士的脱口秀,只是个品牌。

平台和品牌是流量发展的两个维度,平台是品牌发展的高级阶段。平台的流量是现实的、自己的、稳定的、体系化和规模化的流量;品牌,就是运营策略中所谓的"一点突破"。

只有当品牌平台化,建立好流量矩阵,拥有了自己的护城河之后,品牌商才算真正舒了口气。比如小米手机与小米生态链;比如罗辑思维与"得到"App。

品牌与平台的本质区别是"复制"。雷军的小米生态链的本质是"想再复制出无数个小米手机的成功";罗振宇"得到"的本质是"想再复制出无数个罗辑思维的成功"而已。

此时，罗振宇转型成为孵化器，利用之前打造罗辑思维过程中的学习曲线、互联网产品的特性和罗辑思维的平台效应，最大限度地实现"得到"App 的边际成本递减和利润最大化。

法国经济学家托马斯·皮凯蒂说：资本从来不是一成不变的，至少在初期总是伴随着风险与企业家精神，但也总是在积累到足够大的数额后向租金的形式转化，那是它的使命，也是它的逻辑终点。

也就是说："得到"App，正是 4 岁的罗辑思维最终的逻辑终点。

二、降维是第一黏性

Papi 酱既然不是平台，就得继续积累和探索，抓紧将"借种在别人家的菜"，赶紧收割到自己地里，还得养活了养大了，也就是 papitube 的推广和打造。这个过程，真的挺艰难。

Papi 酱真正学的是 Machelle Phan（米歇尔·潘），Papitube 就是模仿的米歇尔·潘 Machelle Phan 的 ICON network。Papitube 与 ICON network 的区别，究竟在哪里？Papitube 与罗振宇的罗辑思维的区别又在哪里？一定是利益上不一致，导致两个利益组织分道扬镳。

依我来看，其实就两个字：降维！**降维是平台的第一黏**

性！专业主义必胜的时代里，你是谁不重要，重要的是"你跟的是谁？"

罗辑思维的人群很精准：好学但懒得读书、想成功但更想有捷径、有点知识但知识不精粹的人群（此处无任何贬义）。这种人群本身手头宽裕，甚至有不少人是不依赖工资收入的高端人群。比如在北京，我知道有不少具有海外留学背景的"85后""90后"白领或创业者，都是罗辑思维的忠诚粉丝。

凭借信息量和认知上的差距、依靠会员对知识或者对成功的欲望，罗振宇完成了对会员的降维，积沙成塔，发财致富。依靠自身的平台，为"得到"App输送流量和建立社会影响力。紧接着，"得到"App中的各位大神，又开始对会员和准会员开始新一轮的降维，打造每个人自己的个人品牌。

但是，"从南京到北京，买的没有卖的精"，个人流量即便再大，也都被锁定在"得到"这个平台之内，终究是为罗振宇和"得到"的商业大厦增砖添瓦。这就是降维黏性和"得到"赢利模式的全部奥秘。有了信息上的降维，才会产生资金流，资金从维度低的一方，流向维度高的一方，完成了马克思所说的"商业中的惊险一跃"。

Papi酱的问题就在于，用搞笑短视频聚拢的粉丝，精准度太差，二次归类成本太高，无法实现有效降维，更遑论实现长久的黏性。既然没有信息上和认知上的明显差距,也就很难在知识经济领域实现商业变现,当然也无法搭建有效的产品和服务模式。

就跟美图一样,即使拥有了4.64亿的月活量,即使市场占有率有72%,但它只是一个小工具,没有实现对用户的降维,就是没法有效变现。美图在所有可能中选择了一条最艰难的路——做美图手机,累计亏损63个亿。

从这个意义上讲:罗辑思维和Papi酱,无论是粉丝还是玩法,真的不同,分手是早晚的事。

三、平台估值,水有多深?

资深投资人杨庆宏认为"虚拟经济不能脱离实体定价",我举双手同意。平台的价值要比照实体经济,线下交易成本是平台估值的唯一靠谱的参照物。平台估值来自其为每一单实体经济交易所节省的成本的总和的加权。

平台要服务"四象限客户",无论是大学教授还是郭德纲,无论是LV还是燕小唛,为卖方节省传播、分销和背书成本,为买方节省搜索、评估和支付成本。节省就是创造,这就是罗辑思维和"得到"的价值。

从需求方所获得的价值来看,如果通过"得到"App,一个"小白"能省掉 1 万元线下各种莫名其妙的山寨培训，那么 100 万个"小白"，就能省出 100 亿元。嫌高的话，我们打个一折，1000 万个小白，够了吧？当然前提一是"得到"App 上能否拉来足够多的"大牛"，前提二是微信的付费阅读，不要开得太早。

关于平台估值，杨庆宏老师的思路是：平台交易效率的提高往往会带来交易量的增加，甚至可以扩大可覆盖市场。可覆盖市场的规模取决于平台对成本的降低幅度。

Uber（优步）如果只是吃掉出租车和专车市场的话，规模也就 1300 亿美元；但如果能吃掉私人汽车的拥有市场的话，则会飙升到万亿规模。当然，这是一个几十年的漫长过程，不确定性和竞争性急剧增加，如果是 5～7 年的投资期的话，这种估值就完全不具备参考性。

无论是企业还是个人的成功，一定是抓住了某个时间节点的红利。比如罗辑思维就是抓住了短视频的风口红利，经济型酒店就是抓住了非黄金商圈的低房租红利，韩都衣舍和雕爷就是抓住了淘宝红利，房地产如王健林更是抓住了城市化进程加速和政府投资加速的红利。

错过节点，基本上也就没戏了，只能耐心等下一个红利。当然，能抓住一次红利，说明运气好，但每次红利都能抓住，说明操盘手的认知能力已经超越了竞争对手,甚至超越了整个行业。

四、平台运营,真的很辛苦

平台的本质是运营,是保真、保价、保速度,没有形象只有记忆,没有情感只有利益,是典型的交易双方深度介入的行业,单纯的品牌和营销的力量十分有限。

举个例子,美发美容行业的 O2O 平台。这类平台存在的价值:首先要为店老板创造业务流和现金流,最不济也要成为一个店家品牌展示的信息流,这是做加法。也就是说:只有为 B 端充当拿单和背书的角色时,平台的价值才能凸显出来,老板们才愿意真金白银地痛快埋单。关于这一点,我在与优客工场的 COO 关总聊天时,感触颇深。

只有供给方尝到甜头,一拥而入后,平台的集群效应和网络效应才能发挥出来。平台的本质是独特优质资源的独占和运营,是以外部互动为特点的生态系统治理,是从供给侧的规模效应到需求侧的网络效应。

2014 年年中,在北京打车,司机师傅幸福地告诉我,他这个月通过滴滴又赚了 8000 元,平谷、昌平甚至海淀的程序员有多少人辞了工作,专心致志跑滴滴。网络效应是平台的独特之处，越多用户加入，平台的价值就越大。初创平台通过烧钱开拓市场，实现用户的规模化。规模越大，黏性越强，可替代性越低，平台的门槛就越高，最终形成生态圈。如马云的淘宝、马化腾的微信、滴滴快的等。

另一方面，美发美容行业的 O2O 平台要为顾客节省购买成本、时间成本和被纠缠办卡的面子成本，这是在做减法。亚马逊创始人杰夫·贝佐斯，在电话会议上对分析师说过一句话，蛮有意思："零售商分两种：一种是想方设法怎样多赚钱，一种是想方设法为顾客省钱。我们属于第二种。"听完这句话，你想到了谁？——雷军！价格是最大的诚意和撕开市场的有力武器。不痛不痒的定价、不尴不尬的促销，纯属浪费企业资源。

2013 年有幸认识一位做上门按摩 O2O 的创业者，我的建议是，营销是社会文化的子序列，上门做保洁，属于没办法，但上门按摩这事情，最麻烦的是中国人的"家文化"或者称为"隐私文化"。这个决定了业务开展的难度和速度，如果"到家"不能取代"到店"，仅仅是个补充和商机的话，创业的意义何在？创业者一定要辨识伪需求，一定要规避潜文化。

我认同雷军的"最大的市场、最好的人才、最多的资金和最快的速度"的全面 push 策略。商业本身就是玩概率，一定要创造一切条件，实现成功概率最大化。

总之，这一加一减，就是O2O平台商业价值创造的所有动作。也就是说，O2O平台创业者，若想让企业更值钱，就得一手托两家，为B端做加法，为C端做减法。这是真正的商业发展策略，即"策略中的策略"。

你要想做平台，无论是广告平台、电商平台或者O2O平台，除了传播或分销红利，你的认知能力、管理能力、营销能力、资金实力、执行能力，至少在基本面上要显著超越平台的供需两方，才能持续玩下去。不仅得懂需求方的深层需求，还得要比做生意的更懂做生意才行。至少我有限接触的几个大型连锁美容美发机构，在认知能力、管理能力、营销能力、资金实力、执行能力上，真的是很强悍。

归根到底，平台型商业成败中，红利和降维，两大因素至关重要。要知道，当年马云做阿里巴巴时，全中国真正懂电子商务的，还真没几个。

》成不了"网红",你就没戏!

被称为"2016年第一网红"的Papi酱直播首秀,收到价值90万元人民币的礼物。很快,Papi酱拿到首轮投资,其估值1.2亿。网红"雪梨"的淘宝店铺"钱夫人"自2011年年底开张以来,累计成交好评已达130多万笔,总销售额远超过3亿元。《新闻晨报》编辑程艳创建"石榴婆报告"公众号,小两口一年舒舒服服净赚千万。

你以为做"网红",只是"江湖人士"才会玩的事情吗?

苹果乔布斯、小米雷军、360周鸿祎、格力董明珠,这些企业家都以代言自家的产品,而蹿红网络。就连一向低调的华为创始人任正非和万达掌门人王健林,也开始浮出水面,一夜变网红。

乔布斯去世那天,全世界都在哀悼,潘石屹却因为一句微博惹火烧身。潘石屹发帖"苹果应该大量生产1000元人民币以下一部的iPhone和iPad，让更多人用上苹果，这是对乔布斯最好的纪念"，结果引发网友激烈回应："期待SOHO将来有一天推出大量1000元人民币以下一平方米的房子，让更多的人买上房子，这是对潘总最好的纪念。"潘石屹很快删除了这条微博，但是"一潘"（每平方米1000元）的外号就这么留下来了。对此，潘石屹是怎么回应的呢？他印了一堆"潘币"，四处送人，把一次危机事件变成了娱乐事件。

作为地产大佬，潘石屹并没有给他的SOHO中国打多少广告，因为他自己就是活广告：演电影、作秀、开博客、发微博、办展览、拍电影、做"长城脚下的公社"……潘石屹一直都很会玩。

这个时代，一切东西都可以娱乐化。一切现代人都得认识到这一点，包括企业家。意识不到这一点，多花很多冤枉钱不说，还可能找不到出路。

大佬都开始争当"网红"了，凡夫俗子就更别提了。

"每个创业者都必须成为网红！"徐小平大声疾呼，"利用一切手段，让你的品牌被亿万人民知道。"他的意思很清晰——成不了网红，那你就别去创业！

徐小平的这话偏激是偏激，却是时代大势所趋。做"网红"成为当下寒门子弟实现人生逆袭的一条现实途径。然而，对于任何赚钱行业来说，能爬到金字塔塔尖的人都是少数，"网红"也不例外。

一、"网红"意味着流量和转化

首先要认清一个现实："网红"不是你想做就做，不想做就不做。

"网红"的本质是什么？简单来说，即大IP，人格化品牌的高流量和高转化。

做商业，核心是营销。而现代营销的核心是什么？就是流量和转化。品牌是凝聚的流量，流量是凝聚中的品牌，而促销呢，就是做转化。

在当今时代，如何评价一个人的身价？如何评价其商业能力的高低？就看他能为生意导入多少流量和能让多少流量转化为真金白银的利润！

在这个注意力破碎、行业边界模糊、消费者极其强势、族群聚集的时代，要想快速致富，一定要把自己打造成"网红"，全力以赴做品牌宣传和传播。以病毒营销的方式，创造和引导流量，流量汇聚才能成就品牌，品牌接着自发汇聚和创造流量，以营销制造一切可能之转化机会，最终形成规模优势，打平亏损而实现良性循环，坐收渔利。

对于做实业的人而言，只有有了关注度才能有明天，才谈得上产品体验、交互设计、参与感塑造等黏性问题。网红以感性和高信任度吸引客户，解决尝试率问题；再以卓越的产品体验黏住客户，解决重复购买率问题。把"网红"做好，才能产生口耳相传的病毒效应，获得海量的注意力和尝试率，品牌才能生存和发展。

二、"网红"是打开市场的金钥匙

要资源没有资源，要资金没有资金，昂贵的广告费你出不起，大明星你请不起，你研发出来一款好产品，你看好一个好项目，可是就是撬不开市场。经销商不认你这个新生品牌，你就寸步难行。

这时候，做"网红"就可以帮你打开市场。

举个例子，燕小唛从产品定型到第一批代理商到位，短短60天时间，传统的招商广告根本一分钱都没打过，第一批代理商都是通过我个人的微信端进来的，全是彻底的陌生人，也就是所谓的"弱关系"。

为什么？相对于其他 CEO，我个人就是一个基于快消品的"小网红"。我发一条消息能精准地影响 6 万多名真实的创业者和代理商。我与众多意向代理商有充分的、多频的链接和丰富的流量交换，所以，他们转换为燕小唛的代理商在概率上是一定的，只是多与少的效率问题。现在每天仅仅通过微信端加我好友，想做燕小唛代理商的就有 10 个以上。

成熟品牌不是不需要"网红"，而是对"网红"的需要不像新品牌或弱势品牌这样事关生死，他们甚至能自我导流和转化；而新品牌或弱势品牌，尤其是几乎没有差异化的快消品，就得疯狂打造属于自己的"网红"形象了。要不然微博大 V 发一条广告 10000 元起，微信大号 30000 元起，对于薄利行业，怎么玩？

做"网红"，很难！但置身新时代，"网红"之路已逃无可逃，归根到底，要看你到底能不能"红"？能有多"红"？能"红"多久？

细思极恐（网络用语，意指仔细想想，觉得极其恐怖），是吧？不过，还是那句话：不奋斗，就等死！

》 看透新时代新玩法的本质

一、流量、流量、流量！

99.99%的新品牌、新产品和新企业，都是死于流量不足。在目标客户不知道你的时候，你打光了子弹，默默死去。人世间最悲伤的事情，莫过于此。我在《很毒很毒的病毒营销》一书中写过，商业社会不仅仅被移动互联网趟平了，而且撕碎了。智能手机将我们从电脑和电视前解放出来，实现了随时联网随时在线的移动化场景，而移动化场景导致消费者或者目标客户的注意力碎片化。碎片化怎么办？对企业而言，世界破碎，导致边界模糊，于是跨媒体管理和跨工具管理成了新常态。

50岁以上的人士看电视新闻和养生堂、电视购物，40岁的人士酒局饭局不断，30岁的人研究专业类杂志和浏览财经政治新闻，20岁的年轻人天天趴在微博上闲扯和在视频网站上看片。所以企业尤其是大众消费品企业，电视广告、视频广告、社交广告、地面广告全都得上，电视、收音机、手机、iPad统统都要纳入传播范畴。前者是内容，靠内容吸用户；后者是渠道，靠渠道引流量。

消费者无处不在、无时不有，如同脱离了鱼缸、冲入大海的鱼儿一样，抓之不着且捉摸不定。不仅抓不着而且打不过，现在的消费者以社交媒体为阵地，以兴趣阶层为边界，聚合成一个个高纯度、高凝聚力的组织，影响力日趋强大。族群的出现，导致"消费者造反了"！

抓不着了，又打不过，就只能"勾引"。渠道虽然高维，但毕竟简单。无论是售卖渠道，如电商流通和商超，无论是传播渠道，如腾讯爱奇艺微博微信，打点原生广告，说白了，拿钱砸就行。但如果进了渠道不动销呢？破山中之贼易，破心中之贼难！营销不是市场上的争夺，它永远只是结果，营销的重点还是要不断创造消费者，不断与消费者勾搭，不断用C端倒逼B端，说到底，以"勾引"为主要手段的病毒营销，已经是企业老板和创业精英们的终极门槛。

二、看小"网红"怎么搞定流量

我们先来看一则来自国外的"人生逆袭小网红"的故事：

她，1987年出生，在单亲家庭长大，与妈妈相依为命；2007年开始在YouTube上传自己录制的关于化妆的视频，做了10年。

现在在YouTube拥有800万粉丝，视频观看量超过10亿；她是亚马逊畅销书作者，所著图书在健康美容图书中排名第7；不到30岁拥有4家公司，登上2015年"福布斯30岁以下精英榜"。

她就是出身底层但飞速实现美国梦的单亲越南裔女孩。29岁的神奇女孩——米歇尔·潘。

米歇尔·潘看到了化妆品行业发展的新趋势：女性尤其是"85后""95后"，再也不靠百货公司专柜或者明星代言来获取美妆建议，而是观看美妆达人（"网红"）的视频，尝试美妆"网红"们推荐的化妆品牌。她坚信"全民适用的美妆造型已经不复存在了，美丽的标准和概念正在改变"。

于是，美妆平台Ipsy应运而生，她相信随着化妆品行业的分散，Ipsy将成为寻找美妆建议和信息的好去处。米歇尔·潘将自己从演员升级为导演，开始帮别人规划成名之路——打造"万人美妆网红网络"。

在 YouTube 上，米歇尔·潘用梦幻般的声音指导大家打造出 LadyGaga 造型、垃圾摇滚造型、《权利的游戏》中龙母丹妮莉丝造型，她是名副其实的美妆教主，现在她要求各位"网红"每月录制几个与 Ipsy 相关的视频，这样每个月可以为公司创造 3 亿社交媒体展现量和内嵌 YouTube 广告的观看量（广告分成），同时疯狂圈粉丝，复制米歇尔·潘的路径。"人们为了获得 Glam bags 而订阅，但社区体验是真正留住客户的原因。"

米歇尔·潘在团队布局上动作迅速，其合伙团队很强悍。董事长詹妮弗是化妆品公司出身，CEO 马塞洛是病毒视频网站出身。2013 年，米歇尔·潘与欧莱雅合作推出了自己专属的品牌"em"，取名叫"我的映像"，现在为了获得充分的创意控制权和销售利润，她已经完全买了下来。

据米歇尔·潘称，该平台订阅人数已达到 150 万，每个用户每月交 10 美元，每月营收达到 1500 万美元。去年（2015 年）秋天 B 轮融资中，Ipsy 估值 8 亿美元，融资 1 亿美元。

米歇尔·潘彻底改变了化妆品行业。由 YouTube 引起的美丽民主化，为小型美妆品牌创造了机会。2013—2014 年，独立化妆品品牌销售额增长了 19.6%；虽然它们只占据了 7.3% 的市场份额。

三、"网红经济"的逻辑

从米歇尔·潘的成功之路，我们来看看"网红经济"的逻辑：

（1）光红不行，还得有经济。

从米歇尔·潘，我们联想到 Papi 酱。两位美女：都是 1987 年出生；都是靠短视频爆红；都是高估值（Papi 酱估值 1.2 亿元，米歇尔·潘的 Ipsy 估值 8 亿美金）；都拥有大粉丝量（Papi 酱 1614 万微博粉丝，米歇尔·潘 800 万 Youtube 粉丝）。

毫无疑问，两人都是"大网红"，但区别在哪？在"经济"。

任何"网红经济"都离不开四步走——"KOL 运营、粉丝导流、采购生产、电商变现"。美妆天然和化妆品电商相结合，天衣无缝；Ipsy 在商业需求上很清晰，粉丝量单纯干净，只需要黏性做足，卖货变现水到渠成。但 Papi 酱后面的商业承接到底是什么呢？吐槽搞笑视频，吸粉引流势如破竹，但最后一哆嗦，明显更加艰难。所以说，光红不行，还得有商业承接来做转化。

有一组销售数据很有意思——线下：线上：自媒体的销量比例是 1:2:4。偶然性必须有必然性，线下不如线上，线上不如"网红"。以人为商业的切入点和运营核心，这就是生意的趋势和未来。

"网红"一方面有庞大的社交资产，如果 Papi 酱出一本书，1614×3%=48 万，再打个折，保守估计销量也得 30 万册往上；另一方面"网红"有强大的示范力和说服力，至少在商业层面，这两年来我见到了很多闷声发大财的"网红"。这个核心原因从社会学因素去找，会追溯到 1955 年，卡兹和拉扎斯菲尔德合著的《个人影响》，书里说道，我们的一生会被 5~7 个人深刻影响。

（2）从媒介购买者到内容生产者。

我曾经逼着燕小唛的美女上直播。我们的琵琶美少女总是担心上镜会太胖，最终被大家成功煽动，搞了一次户外直播，弹的电视剧《三生三世十里桃花》主题曲，效果很不错。

有群友请求推荐电商方面比较好的书，其实很难，就跟推荐营销类书籍一样难。一本书很难解决营销或者电商如此复杂的事。听韩都衣舍赵总讲电商的总策略：品牌人格化，公司媒体化，传播碎片化。其实前两句 10 年前我们都这么讲，传播碎片化我觉得改成"营销病毒化"会更贴切些。基于社交媒体的病毒营销一定会成为未来 10 年的主流营销模式，而病毒的驱动力就是内容。

"网红"的本质就是内容创造者。老外写了一句话——

shifting from media buyer to more of a content producer（从"媒体购买者"变成"内容创造者"），我觉得特别贴切。无论是米歇尔·潘还是Papi酱或者是"罗胖"，都是内容创建者。现在我把"网红经济"的本质概括为"做内容＋养粉丝＋卖产品"，您同意吗？

》所谓牛人大都是自虐狂

据说西方有一个亿万富豪为了留下传世箴言,曾经大张旗鼓地在各个地方贴出布告,征集智者为自己搜集整理。在成千上万的应征者中,亿万富豪选中了16人,命令他们在一年的时间内编写出一本商界箴言。

这16位智者果然不负厚望,一年后为亿万富豪呈上了厚厚六卷精辟语录。亿万富豪耐着性子看了半天,下午就召集这群智者:"这本书太厚了。我担心没人会读完,反正我是读不下去这么多的。你们删减一下吧!"

16位智者花了一星期时间把厚厚的六卷精辟语录变成了薄薄的一卷语录。亿万富豪看了半天还是嫌多,又让其删减。16位智者接下来从一本书,删减到一篇章,再删减到一段文字,最后只留下了一句话:天下没有免费的午餐。富翁终于很满意。

天下没有免费的午餐，这个世界上从来就没有无缘无故的成功。并不是鼓吹金钱就是成功，而是通过商业的成功来体证个体的成长。

想变有钱人，就得敢对自己下狠手！当你还在赖床的时候，你可知道，全球大佬们已经开始了一天的工作。《基业长青》的作者之一柯林斯指出："我还没有见过任何一个懒惰的富人，当然那些通过继承巨额财产的人除外。富人工作都很拼命，做着普通人做不到的事情。"

乔布斯在世的时候坚持每天4点起床；苹果CEO库克每天早上4点半准时起床发邮件；巴菲特因为年纪大的关系6点45分"才起床"；Facebook创始人马克·扎克伯格经常性不睡觉；前雅虎CEO玛丽莎·梅耶尔女士经常在桌子底下睡觉，员工上班前匆匆洗个澡就开始了新的一天。 史玉柱一般凌晨三四点钟睡觉，IT大佬雷军坚持8点起床，马化腾经常凌晨12点不下班。我们都知道华为有大名鼎鼎的"床垫文化"——每人都有一个垫子，方便加班的时候小憩。这个传统是任正非本人带起来的，任正非是个工作狂，他的办公室一直有小床，就是用来随时加班。上为之，下效之。

所有优秀的人都要比你想象的努力。不只富翁如此拼命，

"网红"也很拼命，只是你不知道而已。很多人觉得经营微信大号的人太幸福了，玩着玩着就把钱赚了。我们来看看这些微信大号是多么辛苦：

川普当选的结果一出来，分分钟冒出来很多亦庄亦谐的分析文章，何以如此神奇？大号们可是提前一周把川普和希拉里当选的文章各自准备了一份的。

你看，热点有那么好蹭的吗？"网红"们的钱是那么好挣的吗？

某营销大号坦言，一直很想和朋友去西藏玩，但听说那里网络不好，果断退了票。没有网络哪行，有网络，反应速度都不一定跟得上呢！

咪蒙火得一塌糊涂的时候，付出的代价是长期睡眠不足，全靠吃止痛药死撑。

你羡慕"网红"赚钱容易，你是否又看到了"网红""令人发指"的努力？这个世界，但凡取得点成就的人，都是有点儿"自虐"倾向的人。他们习惯对自己耍狠，逼着自己更强大，逼着自己走向能力边界，逼着自己进化升级成为"超体"。套用巴菲特的投资哲学，这就是所谓的"人生的复利"，每天只要保证晚上睡觉时比早上更聪明1%，积累10年后你就是行业的传奇、人间的神话。

》 商业大变局，内容营销是王道

这 10 年来，传统商业模式中的护城河被逐一打破，工厂过剩、原料过剩、资金过剩，传统生产要素越来越决定不了成功，越来越决定不了你能否活下来。而决定因素变成了能否玩转病毒营销。如果说病毒营销是企业的王冠的话，那么内容创造能力，就是王冠上的明珠。

产品就是内容，品牌更是内容，广告是 100% 的内容，公关也是内容。甚至企业家自己也必须具备一名"网红"的基本素养。如同想到联想就想到柳传志，想到娃哈哈就想到宗庆后，想到燕小唛就想到陈轩一样。不是"网红"，没法创业，一点也不夸张。商业激荡 30 年，从来没有像现在这样对管理团队提出如此之高的聚焦内容创造的要求。有一次和一位企业家聊天时，我说：关于营销，如果抄一抄就能学到，那都是假营销。营销是一个从理念到布局到动作的系统体系。抄来的拳头打不死人。

从媒介购买者,变身为内容创造者。这是大众消费品行业所有人都看得到的趋势。它要求我们:必须从传播的角度审视品牌,从内容的角度审视传播渠道,从互联网的角度审视产品。从流量转化量迭代传统的销售额市占率,从跨媒介跨工具组合审视 4 年前大生产大传播大流通的玩法。

新媒体的互动包括点赞、转发和评论,其中内容互动最常见的反馈就是点赞,点赞尽管是非常微弱的一种认同,但赞一个社交页面依旧能改变行为和增加销量。心理学基本原理表明,如果行为不能反映出自身观点,人们就会产生认知失调。所以品牌认同一定会带来行为上的改变。

哈佛副教授莱斯利·约翰认为:社交媒体的效果,对影响客户的消费行为一定是有的,但对于销售提升的效果几乎没有。我认为其样本是有问题的。他选择的大都是最底层市场人员运营的企业账号,根据燕小唛的商业实践,我们在 2015 年 11 月,在朋友圈广告没花一分钱的前提下,卖出去了 10 万多元的产品。在一次节日营销中,一天时间以极低的成本将百度指数拉升了 158%,电商销量提升了 4 倍。脱离了剂量谈毒性,脱离了内容谈媒体,统统都是耍流氓。

燕小唛的实践证明，移动社交媒体不但能提升销量，也能刺激客户朋友的消费，最明显的其实是促进了消费者对品牌的认同，效果十分显著。社交媒体页面是忠诚客户的聚集地，所以社交媒体是获取客户情报和关键人员反馈的独特渠道。我所接触的企业中，90%都是将微信和微博定位为客服功能。

约翰教授还举例子说：如果仅告知有朋友下载了某App，他们下载并使用该App的概率还是很低，但如果是朋友本人推荐了这个App，他们就更有可能使用该App。这种更深层次的社交媒体认同，可以缩小现实和数字推荐效果之间的差距。这种说服本身需要企业投入大量的精力和资本。但这比点赞本身更有意义和更有创意。我认同这个意见。这其实也是病毒营销的根本逻辑。

在企业实践中，重点推广一些忠诚客户的帖子，能够十分有效地影响客户的行为，帮助公司获得巨大的价值。所以对于企业而言：首先要监控自身的社交网络渠道，发掘有说服力的认同话语，然后将这些语言融合到自己的营销信息中去。或者花钱请意见领袖试用本品牌，并将代言内容发送给关注者。当然，这在国内企业的营销实战中，已经是完全稀松平常的方式。

总之，针对2017年的企业营销，我的解决方案是：通过病毒营销的方式，将产品和品牌信息，变成大家喜闻乐见的病毒，通过对"90后""00后"的深刻洞察，把握住对年轻一代的感召元素的选择，与年轻一代的价值观体系建立深刻的管理和情感共鸣，最终实现线上线下精准流量的聚合和转化。

❯❯ 26个小时0成本,111万阅读量

2014年10月12日,我花了半小时,写了篇667字的小文章,随手扔到"今日头条"上,然后开车到北四环找一位朋友喝茶去了。一路上手机提示加粉的响声不断,打开后大吃一惊。

距离文章发表:

1小时后——该文章的阅读量14000,收藏量747;

2小时后——阅读量40000,收藏量1903;

4小时后——阅读量160000,收藏量5584;

13个小时后——阅读量576195,收藏量17746;

24个小时后——阅读量850924,收藏量25584;

26个小时后——阅读量1113737,收藏量31560。

也就是说,2天时间,没花一分钱,实现了111万次的自

发传播！收藏量超过了 3 万。这，才是这个时代的玩法！

这一切是如何发生的？一个人写作半小时实现 111 万次的自传播？无论最先看到这篇文章的人是谁，他肯定不会平白无故帮我分享和推广文章，平均每小时 4.3 万的浏览量靠水军也是无论如何做不到的；111 万次的浏览和 3 万次的收藏是因为文章确实有用。因为有用，所以收藏；收藏完，又转发给自己的亲朋好友共享。这就是阅读者的所有动作和逻辑。

当然，好文章多了，为什么你的文章能在短短两天时间实现爆炸式和病毒式推广？笔者认为根本原因在于"将合适的内容在合适的平台上推送给合适的人"。

一、好的内容能像病毒一样自复制自传播

笔者有 10 年专业做营销的实战历练，且近年来专攻基于移动社交媒体的病毒营销。对病毒传播的策略、病毒诱饵的设置和病毒体系的搭建相当娴熟，而且具备核心的病毒内容创作能力。

关于内容创作，我有两个体会：作者的基本功是前提，关键猎枪要瞄准。回头来看该文章的切入点，确实做到了稳准狠！该文章的标题是《能赚钱的暴利行业，究竟在哪里？》，667 个字，简单的三段——行业的重要性、从营销角度遴选行

业、从财务角度遴选行业，行文清晰明了，论证确凿有力。

　　男怕入错行，女怕嫁错郎，大家都深信这一点。而且这篇文章简洁深刻务实。比如通过营销选择一个暴利行业，可以选择硬需求，比如说房地产行业，居者有其屋。但如果选家电行业，这是一个利润太薄的行业，是在刀尖上去获取利润的。

　　关于创作，我写的内容都是这样的，都是干货。内容宜精不宜长。没有料，写得长，纯粹浪费大家的时间。关注我个人微信公众号的粉丝和买过我书的粉丝，都见证了我的纯干货风格。互联网如同大海，具有自我净化功能，有价值的内容一定会浮出水面，而且会被越来越多的人看到，变得越来越有价值。

　　病毒营销在理论上是零成本的。有一位朋友前几年在报纸上投了38万元广告，结果接到来电18个，其中有9个还是做推广的，投入产出比太差。病毒营销的本质就是需要有策略，策略的本质就是投入产出比要高，把钱投入到最能产出的地方，这个思考过程，我们在营销上叫它病毒营销。

　　怎样把一个普通内容变成病毒文案，这是有病毒化的驱动因素的。像小咖秀就是搞笑的因素。其实，情欲、情感、情绪，是病毒营销的几个很重要的驱动因素。比如说北京和张家口获得2022年冬季奥运会举办权，相关内容我们会转，如果是张家口人，就更会转发。

那么，如何计算一个内容能不能变成病毒呢？我给大家提供一个衡量指标：病毒系数。大家对微信很熟，那就拿微信为例，微信文章发到微信朋友圈，如果你的朋友是 100 个，有 1 个人转发，那么病毒系数就是 1；有两个人转，病毒系数就是 2，这就具有病毒性了；如果是 10 个人转，那病毒系数已经很高了。你就用各种方式去把病毒系数拉起来。一般来说，在微信上，2000+ 阅读量就能构成病毒营销了。

二、传播平台和受体免疫力是成功关键

文章内容是基本，关键是后期传播，要找好平台，投向合适的人群。那么，如何实现"合适的平台和合适的人"呢？我那篇小文依靠的就是"今日头条"这个移动社交媒体的力量。当时，"今日头条"的特别之处是一方面为用户编写偏好图谱，便于有的放矢；另一方面将编辑的因素降到最低。例如，当"今日头条"抓取到这篇较热的文章后，其个性化定制和推荐开始发挥作用，对偏好财经和创业的用户进行精准推荐，并针对圈子和群体进行协同推荐。所以，只要你的营销内容足够"有毒"，就能获得足够的关注、推荐和影响力。

"互联网女皇"玛丽·米克尔的 2015 年最新报告显示：

2014年全世界有20.8亿智能手机用户；过去8年来，人们每天平均使用手机和平板电脑的时间从0.3小时增加到了2.8小时。你想想看，20.8亿部手机摆在一起，是何等恢宏壮美的场景！这意味着兼具私密性和紧密型特点的手机，已经成为未来10年最重要的传播渠道。手机不仅仅是人的思想和器官的延伸，甚至人已经变成了手机的外设和电源。它极大地改变了我们的生活习惯和状态，甚至影响了我们的思考方式。

微信，这个2011年才被开发出来的手机程序，每月活跃用户已达到9亿，用户覆盖200多个国家、超过20种语言，各品牌的微信公众账号总数已经超过2000万个，移动应用对接数量超过100000个，微信支付用户则达到了5亿左右；25%的微信用户每天打开微信超过50次，55.2%的微信用户每天打开微信超过20次。这意味着内容只要能在微信上流行，就可以实现不花一分钱让品牌一夜成名。

柳传志认为：互联网+的作用大大地被低估了。在互联网+时代，营销领域的注意力毫无疑问是聚焦在智能移动端（也就是手机和平板电脑）的移动社交媒体之上了。社交网络已经成为人们获取信息的主要途径，通过微信了解这个世界已经变成很多中国人的生活方式；在传播成本趋近于零的社交平台上宣传和推广自己的产品，已经成为互联网+时代营销的主流方式。

如何基于手机上的移动社交媒体进行病毒营销,将日益成为品牌建设和管理的重中之重。如何创建"很毒"的内容,少花钱甚至不花钱而实现百万甚至千万级别的品牌曝光,将成为"网红"能否持久红下去的关键。

▶ 如何做到百万级别的曝光率？

创业是实现人生逆袭的一个不错选择。虽然创业很难，但这的确是一个创业的最好时代。中国是创业最好的市场！任何一个细分市场和购买概率，乘以 14 亿，都是伟大的品牌和了不起的产业。

不过，现在创业光拼毅力和汗水是远远不够的，还得拼脑瓜子，得看清看透新时代的营销本质，学会新的玩法，才有可能赚到钱。

自从进入移动互联网时代，各种创新纷繁复杂：定位创新、模式创新、营销创新、产品创新、组织创新……它们不仅颠覆了以往"大生产、大传播、大流通"的工业化营销模式，还使传统企业迅速陷入被动、迷惘和艰难的境地。

在这个边界模糊、消费者"反"、族群出现的"互联网+"

时代，移动互联已经渗透至社会生活的各方面。"媒体＋社交"兼备的移动社交网络，凭借牢牢黏住用户的"工具性"和"娱乐性"的双重价值，为品牌塑造和渠道传播提供了绝佳的平台。

毫无疑问，近十多年以来，社交媒体的出现对创业产生了极大的冲击。之前公众获得信息，大多是单向和线性的。现在，随着营销模式从正三角（厂商→媒体→用户）变成倒三角（用户发布声音→影响大号内容跟进→普罗大众），现在企业终于可以减少对传统媒体的投入，而多花些精力研究普通大众。

与其为了几十秒的电视广告与公关公司讨价还价，不如激励更多的公众在社交媒体为自己的品牌发出声音，让他们自愿为品牌站台、做背书。一旦成千上万的消费者影响了社交媒体平台，一些区域性的媒体平台（如区域微信公共平台）跟进报道，传统互联网媒体和传统媒体便会迅速跟上，再次影响大众，形成热点话题和消费潮流形成。这就是移动社交媒体的营销逻辑。

在这个人人即媒体的时代，受众的注意力越来越分散，导致百万级别的曝光率越来越难。一个信息要想被大家知道，必须具备很强的评论、转帖能力。你必须具备极强的"话题创造能力",才具备在这个时代生存下去的前提。

（1）**内容要好**。移动社交时代，内容是关键。无论微博、微信还是今日头条，无不是以有趣有料的内容吸引粉丝。好的内容犹如陈年佳酿持久弥香，次的内容越传播越令人反感。

2016年1月28日，我们做了一次完全不露营销痕迹的表达。我们制作的以"向父母致敬"为主题的亲情沙画视频，零广告，纯公益，纯娱乐，以抓人的沙画场景+走心文案，引起国民共鸣，在不到一周的时间，就达到了170万人次的传播量。

（2）**要有合适的平台**。好的内容制作完成后，接下去最重要的是确定合适的传播平台。合适的平台，决定着优质内容能否被刷屏、被评论、被探讨，能否成为现象级的社会事件。刷朋友圈看身边人动态，刷微博以观天下热点，这已成为大多数人的日常生活。如果你不知道选择什么平台，就主抓双微。如果你推的内容带有商业内容，建议你用个人公众号，而非品牌公众号，这样效果更好一些。

（3）**对的时机**。选择合适的时机发布内容，直接决定着优质内容的核爆效果。

再拿我们的沙画举例，将沙画视频的发布时间，定在

2016年1月28日,即春节前夕的返乡潮。"世界再大,也要回家",这是春节永恒的主题。那么,大家回家干吗?一个重中之重就是陪爸妈。所以我将病毒视频命名为《2016年第一部感动千万人的视频》。沙画视频发布40个小时之后,我个人微博的传播量即达到了35万。可见,踩对点多么重要。

(4)转发。粉丝能帮你转发,才是王道。转发量是打造热门微博话题的门槛,这个门槛很高,很多时候你是无能为力的,因为你无法强迫任何人(水军除外)去转发,除非靠优质的内容去打动粉丝。

(5)评论。社交媒体最核心的特点就是"互动",而互动的本质又是平等。传统营销的传播模式是由内而外的线性思维,首先提炼自己想要表达什么,然后自上而下地传播出来。没有反馈和沟通,效果当然越来越差。而互动则是即时反馈,随时更新,不断迭代,追求最精准和投资回报率最高的传播方式。在信息爆炸的互联网+时代,没有互动和参与就没有营销。互动的一个最典型表现就是评论。评论即参与,即共鸣。

(6)推荐。实现快速传播的一个捷径就是获得KOL(关键意见领袖)的推荐,这些KOL坐拥百万粉丝,他们手指一动的转发,和一句似有若无的推荐,可瞬间提升传播量。好的内容会吸引KOL的关注,他们会非常快地跟进,如果发现有十多个大号来跟进，传统网站就会跟上，影响成千上万的用户。

（7）传统媒体辅助。这是一个全媒体时代，不能因为新媒体活跃，就放弃传统媒体，毕竟有很多"恋旧"的用户，习惯在过去热衷的平台刷信息。以双微为主战场，在用户集中的传统视频网站，也要选择性投放信息。

（8）微明星。可能上述"步骤"大家都能拷贝，关键是：粉丝基础从何而来？一次百万级别的曝光率，传播方法方式很重要，问题是：第一波接收这条信息的人群在哪里？这批人的获得，很难靠互粉和买"僵尸粉"来实现。答案是：来自你自己的前期积累！比如雕爷牛腩的雕爷，比如黄太吉的郝畅，比如罗辑思维的罗振宇，第一批陪他们玩的，就是冲着这些原始代言人而来的。燕小唛第一批消费者、第一批经销商，都来自我的粉丝。

》内容变现，一定要爱护自身的羽毛

无疑，"罗一笑，你给我站住"是一次成功的病毒营销。在我看来有病毒营销的痕迹：以情境代入做突破，激发受众"情感宣泄""自我强化"和"炫耀心态"，驱动大众进行分享，最终实现互相催眠的传染效果和群体刷屏的爆发式传播效果。但一般做病毒营销，我们都会审慎避开"慈善筹款"等敏感领域。为什么？失控的风险太高！

《罗一笑，你给我站住》一文刚出来的时候，我就提出了三个质疑：

第一，为什么要用"转发一次捐款一块钱的方式"？这是明显的诱导分享，炒作痕迹太明显。而且，可以看出，幕后操盘手应该是个行家，内容没触及微信底线，巧妙规避了举报。问题来了：如果孩子生病急需用钱，是没必要掺和什么 P2P

企业的，只需在个人公众号上晒出病历、晒出花费、晒出自己的收入、晒医疗费缺口，就会有人捐款的。

第二，为什么不用"腾讯公益""轻松筹"等第三方平台？至少保证募捐信息的真实客观、善款用途和罗一笑的康复进展透明。事实证明，罗尔最终伤害的是公众对慈善事业所剩不多的信心，伤害的是未来真正需要救命钱的家庭。

第三，我也为人父母，相信一个父亲、一位媒体人，不至于拿女儿的病来骗钱，但我卑鄙地揣测：深圳本地人＋媒体人＋作家，经济状况应该不会太差！况且每年5000元的大病医疗险，也不是太贵吧？捐助的金额能不能公开出来？

后面的事情，证明了我的预判。罗尔一事给内容创作者的启示就是：公益是一把双刃剑，它可能会给你快速博来眼球，但千万不要随便乱用。

就在希拉里和川普大选PK引起国民狂欢的关头，有一则"网红"新闻还是杀了出来，成功截获了一批人的眼球。某直播"网红"，直播了自己去大凉山做"慈善"，给村民发钱，而在直播结束后，该"网红"又从村民手中把钱拿回来。这件因团队内讧被爆出的丑闻，引发无数唾骂。

以打擦边球、触碰底线的方式博取眼球，这种做法纯粹属于短视行为，通过慈善活动来提升自己的形象，这张牌一定要谨慎：一个被贴上不讲诚信标签的人很难走远。

通过外力借势营销，风险常常失控。我想起了一个"神"一样的"网红"，2600年前古希腊人毕达哥拉斯（Pythagoras）。为什么说他是"神"一样的"网红"？我有三个理由：

第一，他发现了勾股定理：他用演绎法证明了直角三角形斜边平方等于两直角边平方之和。

第二，他发现了谐波级数：两个构成和谐悦耳的声音，正好构成了8度音阶。他说"在弦线哼唱中，有几何；在星球间距中，有音乐"。这启发了2000年后英国化学家约翰·纽莱丝的"八行周期律"：化学元素是根据分子重量分布的，每隔8个元素，就会出现相同的属性。

第三，他建立了演绎推理的法则，也就是我们做数学时证明题的规范。从简洁明了的前提开始，一步一步推导出全新的结论。这成为数学思考的基础和核心。柏拉图从毕达哥拉斯这里吸取了其数学和抽象思维，并以此建立起哲学思考的安全边界。

基于三个神迹，亚里士多德称毕达哥拉斯为"超自然的人物"。

60岁时，毕达哥拉斯再次红了一把，娶了年轻女子西亚娜，引起世界关注。毕达哥拉斯最终厌倦了大家的崇拜，逃到了麦塔庞顿，76岁高龄逝世于此。

无论是"无为而无不为"的老子、"万物皆数"的毕达哥拉斯，都是"在不同寻常的寂静中观察这个世界的"。他们的智慧远远高出了自己所在的时代，甚至远远高出了所有的时代，于是他们升维，我们降维，他们成为"网红"，我们沦为粉丝。他们只言片语，泄露着世界的秘密；我们反复咀嚼，虫子一样思考和前进。

智慧是最大的性感，唯有智慧，才能成就"神"一样和拥有牢固护城河的"网红"，而且，不会弄脏自己的羽毛。

》运营微信公众号，一点也不简单！

微信公众号的数量，我记得 2016 年年底是 1000 万，2017 年 3 月，就冲到了 2000 万，已经成为惨不忍睹的红海一片。红海突围，要求更加宏观深刻的洞察。

一、做公众号就是做人

2016 年 9 月 28 日，微信系统升级，刷单软件无法工作，各路大神被暴露了阅读量，内裤没了，尴尬得要死，个个面露羞涩。

我的立场是实业，推广费用的管理是成本控制的关键一环。作为寄生于实业之上的传媒业，拿假的 UV（脚注：UV 是 unique visitor 的简写，是指通过互联网访问、浏览这个网页的自然人）来忽悠实业，这是对市场经济以信用为根本驱动机制的破坏，是不入流的玩法。

有一年接手一个团队，看了他们的微信公众号，和负责人聊了两句，第二天就请这位著名4A出身的"大牛"卷铺盖走人了。幸好我挤时间坚持自己运营公众号，才得以识别和算出僵尸粉的比例。我曾经翻过几位大营销号的阅读量数据，号称50万粉丝，其中49万估计都是淘宝上买来的。

关于如何判断真实UV，我顺道教大家最简单的一招：内容烂，阅读量高，必刷无疑。常识！唯有常识才能洞穿僵尸和软件的迷雾。好内容才是一切的核心。你也可以从投放上判断，在内容设计上一定要嵌入业务交易，这样就能从"来电量、加粉量和购买量"上，反推其真实粉丝数、真正的内容和平台影响力。

做事先做人，赚钱要有吃相。林肯讲过："你根本没办法在所有时间欺骗所有人。"阅读量高低是能力，尽力则无悔，但阅读量真假可就是人品了，在这个信息越来越对称的时代，谁比谁傻？这样做其实是自毁前程。

能力，只要有平台，只要能付出，就一定能提升；但人品，本质上是智商问题。而且我表达过：语言是思想的外壳，反过来也会影响思想。忘记了自己是刷出来的大号，忘记了纸铠甲下的软肋，人会自我设局，进入幻境。一个谎言接一个谎言地编造，一篇文章接一篇文章地刷阅读量，累不累？内行鄙视，外行惊叹，孤不孤独？

做"网红"，要坚守本分。也就是说，对的事情坚持要做，错的事情坚持不做。短期的诱惑一定要头脑清醒扛得住。胸有惊雷而面如平湖者，可拜上将军。做事情，一定要水到渠成的耐心和诚意。正邪之间往往只有一张纸的距离。

二、未来公众号走向的三个判断

借此，我来聊聊微信公众号走向的三个浅薄判断：

（1）PGC[1] 杀掉 UGC[2] 的节奏加快。传统媒体携团队和资金杀过来，之前光彩照人的个人公众号正在逐渐失去流量。有幸认识一个大咖，6 个月时间做出百万粉丝级别的公众号。专业团队一出手，小作坊都得倒闭，内容专业化的趋势滚滚而来，顺之者昌，逆之者亡。

（2）公众号分为："头部网红""胸部网红"和"腿部网红"。"头部网红"，是知识型和专业型网红，流量可能

1　PGC，全称 Professional Generated Content，互联网术语。指专业生产内容（视频网站）、专家生产内容（微博）。用来泛指内容个性化、视角多元化、传播民主化、社会关系虚拟化。
2　UGC，互联网术语，全称为 User Generated Content，也就是用户生成内容的意思。

一般，但转化率极高，其实流量增长率也很漂亮。"胸部网红"，服务于世俗偏好，骂街打诨博众生一笑或一惊一乍。"腿部网红"，本质上就是个搬运工和小报记者，沿用的是 PC 时代的思维方式，有可能赢得的是流量，但失去的可能是整个世界的尊重。

（3）现在各个自媒体平台，包括今日头条、网易、凤凰、大鱼号等，本身加粉就很难，再想给微信公众号导流，难上加难。内容不结合产品，根本没法玩！线上没线下导流，基本破局无望。当然买粉丝刷阅读量骗广告费的除外。

》成为明星主播的"风"与"水"

"无直播,不网红",2016年被称为直播元年。花枝招展的主播们,如雨后春笋般涌现在映客、花椒、乐视、小米、微博、陌陌和优酷土豆等在线直播平台上。红杉、赛富、欢聚时代、金沙江、腾讯、360、光线传媒等各路资本争相涌入直播市场,看重其快速的资本流转和变现模式。有资本加持加上利润丰盈,直播行业貌似大有可为,但是要杀出一片天地,成为明星主播,又似乎并不是那么容易。

一、直播到底有没有"水"?

答案是:当然有。而且水分还不少。

我曾经请同事在某平台做了"黑屏实验",就是直播开始后,手机扣在桌子上10分钟,显示有51位观众,这一定是机器人了；又做了"发呆实验"，对着直播平台发呆 10 分钟，有 58 位观众，双方没有任何互动交流，就这么静静地对视。

互联网是杂耍聚人气的资本游戏。其项目价值取决于当下成长曲线和未来赢利预期，除了机器人，打赏刷单更是标配，其模式也是典型的多赢设计。如：某网红经纪公司向直播平台充值 4000 万元，然后将价值 4000 万元的虚拟货币全部砸在旗下某"网红"身上。"网红"获得 4000 万元的收入后又和直播平台五五分成。就这样，"网红"收获了背书和人气，平台收获了业绩和收入，"网红"公司收获了加持后的"网红"和叫价资本。貌似天衣无缝的双簧戏中，绕不开苹果公司的"雁过拔毛"，用户但凡用 iPhone 手机打赏，20%的佣金可就得眼睁睁地流进苹果公司的口袋。

当然，局部案例不构成否定平台的充要条件。据了解，2016 年 3 月，某韩国女主播一场直播被打赏超过 40 万元人民币；某热播剧女主角在直播中亮相，迅速吸引 70 万用户，短短两小时赚到了 70 万元的打赏。其实，如何匹配机器人？何种场景下匹配多少机器人？除非直播平台将算法公开化。水分到底有多少，谁也说不好。被打赏多少钱？有多少是自己人打赏的？这也说不好。当然，某公司在映客上的发布会，动辄号称 200 万人同时在线，大家听听就好。直播平台每月上千万的带宽费用和同样量级越来越贵的主播费用，都是铁的成本。

二、直播到底有没有"风"

答案是：当然有。而且前途远大。

2016年国内在线直播平台已经超过200家，平台用户数量超过3亿，直播房间超过了3000个，高峰在线人数超过了400万，市场规模已经超过了100亿元，预计2020年将超过1000亿元。2016年6月25日，某人气组合的直播观看人数超过了565万人，总收入超过了29万元，还捐赠了7万份午餐。陌陌2016年第二季度财报显示，直播贡献了5790万美元，营收占比超过58%。

直播的本质就是高互动、高参与、高族群化的视频互动。观众可以评论、弹幕、送礼物；主播可以分享心得、推销产品、回应问题、感谢打赏。直播将互动参与发挥到了极致，极大地满足了有些人娱乐至死的休闲需求。我在《很毒很毒的病毒营销》一书中统计过，视频是对人最有影响力的媒体，在满足观众猎奇心方面，是最有效的病毒。

直播虽然有水分，但目前肯定是风口。直播平台正在摆脱鱼龙混杂的局势，各平台正在做细分垂直。如企鹅TV做NBA篮球；章鱼TV做足球；聚美优品、蘑菇街和淘宝，开始找"网红"来帮忙卖产品。如吴尊一小时直播，帮惠氏卖了120万元的奶粉；女神柳岩联合聚划算做直播，观众超过了12

万,帮某核桃品牌一小时卖了20000件。

三、对明星主播的几个建议

2016年8月6日,我做客花椒《学霸十三妹》,与观众畅聊《很毒很毒的病毒营销》,在线观众达到23361人,100分钟互动不断,点赞人数超过1万,总共获得5万多的浏览量。

我从病毒营销的本质和方法讲起,以目前创造的燕小唛品牌为例,为大家详细阐述病毒营销的理论基础和实践经验。这种互动的体验,最直接的感觉有三个:

(1)效率高。毕竟两万多人,即使打个对折,也还一万多,对品牌的曝光和信息的传递而言,成本也就是我的精力和时间。如果在线下,一次也就最多培训1000人。

(2)互动快。任何疑问,大家都是秒回,我在屏幕前也能迅速回应和反馈。

(3)将改变人们观看视频的行为和习惯。正如看新闻更有趣的是看评论,而看视频更有趣的是看弹幕。

直播的时代才刚刚开始,在这个时代,正如凯文·凯利所说:我们会由一种个体变为一种集体。我们通过与众人的相互结合,将自己变为一种新的、更强大的物种。

》O2O 很时髦，你要不要做？

对于被炒作得最热的 O2O 营销模式，我的总体看法是，作为移动互联时代的产物之一，O2O 营销模式值得借鉴，但是否大规模投入还需根据自身产品及规模量力而行。

一、O2O 本质：使顾客获得最大价值

在我看来，很多创业者并没有完全将 B2C 和 O2O 进行有效区分。

B2C 是互联网时代的产物，侧重标准产品零售；而 O2O 是移动互联网时代的产物，侧重"个体化"的服务消费。O2O 要求从线上把消费者"勾引"到线下的特定场景（如打车、按摩、摄影、美甲等），特点是"生产和消费同时进行和完成"。

但二者之间存在一定联系。它们都是基于互联网搭建商业模式，在闭环内实现价值创造和交付，供应链管理、流量获取、转化率、留存率等是致命指标。二者在业务上其实也有交叉。第一种是B2C类型的O2O，是指品牌主或代理商发起的销售型业态；第二种是C2C类型的O2O，即平台型企业创建的运维型业态。

下面我将重点分析第一种——B2C类型的O2O，这是创业者最关心的话题。

众所周知，O2O的本质是绕开层层分利的中介渠道，实现服务者和顾客之间直接而顺畅的链接，不仅使服务者获得最大的利润，也能使顾客获得最大的价值，最终实现社会无效成本的下降和社会总收益的增加。

拿食品饮料行业举例，一些食品企业已经尝试运作B2C类型的区域O2O，即借助互联网和移动互联网，绕开省代、地代和市代，直接将产品卖给消费者。

用一句话概括O2O就是：凡订单和收入来自线上，线下只承担配送，而且"解决掉不创造核心价值的中间环节"的商业模式，可称之为O2O。而如果只是借助互联网和移动互联网做一些品牌宣传和产品推广，并没有实现渠道变革型精简的，只能成为具有互联网意识的传统企业。

作为创业者的你,是真正做到了"O2O营销",还是只具备互联网意识而已呢?自己权衡一下。

二、你究竟要不要做O2O?

究竟要不要做O2O,要衡量的无非就是成本和收益。

传统渠道模式,考验的是渠道深耕力和终端动销能力。我在公司将其称为"两只半手":一只手要把品牌撑起来,另一只手要把动销做起来,还有半只手拓展渠道。而最后半只手受制于前两只手。

我们说现在是创业的最好时代,不是说创业很轻松,相反是更加忙碌,两只手是完全不够用的。

O2O模式=流量的创造和管理。如何选品?如何吸引用户?如何拉升重购率?这三个核心问题中的任何一个,足够创业者抓耳挠腮了。O2O营销,线上向线下导流,线下向线上引流,目的都是为了促使成交。

通过近几年的发展,O2O运作逐渐形成红海竞争之势,线上流量越来越贵。根据我个人掌握的情况来看,线下运营(即传统渠道模式)在投资机构眼中反而越来越迷人。

还是拿我所在的行业来说,从大食品角度出发,一些接近餐桌的生鲜和海产品,由于食用频次较高及中高端价格定位,适合 O2O 模式所钟爱的"高频、暴利、大市场"的特点。而对于客单价较低、购买量有限的传统食品门类来说，企业或代理商去运作 B2C 模式的 O2O，能够为消费者提供更优质的客户体验，从而增强客户忠诚度及黏性，更加精确地锁定愿意储值且具有重复购买消费习惯的用户群体，是符合商业逻辑的。

那么，你选择创业的行业是否具备"高频、暴利、大市场"特点？如果不是，选择 O2O 模式时，需要谨慎考虑。O2O 模式虽然时髦，但切忌盲目跟风、妄自菲薄，毕竟传统渠道模式在相当长的一段时间还将占据主流。

三、运营、资本、营销，一个也不能少

即便你选择创业的行业符合 O2O 模式的前提条件，我还是要提醒你：运营、资本、营销，一个也不能少！

从 O2O 运营本身来看，供应链以复杂性和脆弱性著称。前端客户在线下单，端口可以是电脑、手机或者移动智能设备，通过网站、App、微信、微店和 O2O 平台来产生订单；服务商收到订单后整合供应链，通过多种终端（快递包裹、自提柜、便利店或商超）将商品交接到客户手中。其中的任意一个环节，都可能出现问题，随时会对品牌体验产生不利影响。

O2O 模式的竞争本质是产品和服务的竞争，拥有优质产

品只能说成功了一半，另一半成功与否取决于服务体系，大部分的回头客、老顾客都是基于对服务的认可。所以，在不断推出新产品的同时，千万不要忘记了贴心的服务。比如1小时内宅配上门、无条件退换货等服务。"保质保量保低价"，才能黏住日益挑剔且毫无忠诚度的客户。

从资本角度来看，O2O是资本游戏。如果没有大佬持续投入，将无法重塑新型的消费习惯，更无法清晰传递自身的核心价值定义，成长曲线和基础规模也就无从谈起。因此，资本对于O2O的重要性不言而喻，这也考验着创业者的融资能力。

从营销角度来看，席卷全球的网络化和智能化进程所催生出的粉丝经济、社区组织、O2O经济令人眼花缭乱，但它们的本质都是为了让整个体系"更经济"。如果你的模式更快更强，自然具备议价能力和更高的价值。

移动互联网兴起之后，其作用不再局限于广告渠道和销售渠道，更是企业与用户交换的平台。以此平台重新聚合碎片化的群体注意力、碎片化的媒体、碎片化的内容和碎片化的偏好，在交互中完成产品设计、品牌推广和粉丝聚集，才能实现在"在扁平的破损的快时代，迅速建立起自己完善的赢利体系"。

有人嘲讽O2O"左右都是零"，身边好多企业家砸钱花心力做O2O，无功而返。先做好最坏的打算，才是最好的准备。O2O，你真的准备好了吗？

》你以为你懂营销？

有位朋友在我的微信公众号上写了自己的困惑。他自我介绍："我从大二兼职到工作前两年，一直在从事销售工作，辗转在好几家公司里当销售专员，见识了各种各样的公司。但我发现无论我换多少家公司，做的工作无非就是找人来接盘，将一些有的没的，可能有用又没什么用的东西，给那些自己都想不明白需不需要的人。"

这几个问题其实很典型，集中体现了大家对营销的根本性的误解。我集中来回答下。

一、"没有刚性需求的商品，其实就是鸡肋？" NO!

奔驰是"刚需"吗？iPhone7是"刚需"吗？与美女帅哥天长地久是"刚需"吗？

我有一次苦心劝一位大姐不要出家，为尘世中她的才华和能量惋惜！但回来后一反思：自己错了。她已经完成了自我实现的需求，该做的想做的能做的，都已经做完了，自然要追求更高维度的心灵自由。这是人性的自然延伸，天经地义而且是"刚需"。

个人发展阶段不同，需求和偏好自然不同。个人购买和承受能力不同，对价格的敏感程度自然不同。用安利产品举个例子，穷山沟的孩子是不会想到买安利的，能吃饱就不错了。而安利净水器，一套得七八千元，但其实卖得相当好，精英们眼里的七八千元，和普通人眼里的七八百元甚至七八十元的感觉是一致的。

2016年10月，哈佛商学院教授克莱顿·克里斯坦森，新出版的一本书 Competing Against Luck: The Story of Innovation and Customer Choice（《与运气竞争：创新和客户选择的故事》）中，提到一个新的概念——JTBD（待办任务），他认为需求不仅取决于我，还取决于我所生活的环境。抛开需求这个浅层概念，深入情境逼迫下的本质需求，从而将隐身的替代品也拉入竞争对手的阵营，获得更深刻的营销洞察。

二、"将一些有的没的，可能有用又没什么用的东西，给那些自己都想不明白需不需要的人"？YES！

这句话道出了营销的本质。

乔布斯在苹果公司的创新体系上，始终强调客户需要。不过，乔布斯坚信用户"不知道自己要什么"。乔布斯用福特的一句名言为自己辩护——如果你问 19 世纪末 20 世纪初的人要什么，他们绝不会说是汽车，而会说我要一匹跑得更快的马。

接着举苹果的例子。苹果第一位投资人：迈克·马克库拉（Mike Markkula）是乔布斯在营销上的启蒙老师。他教导乔布斯："一家好的公司要学会灌输，必须竭尽所能地从包装到营销传递价值和重要性。"

多元化缤纷绚丽的中国市场，需求千奇百怪。就算卖砖头都有人要。我认识一位老外，将北京的雾霾装在易拉罐里出售。当然，在淘宝上卖能隐身的葫芦娃，就纯属搞笑了。

"创新之父"熊彼特认为：资本主义本质的一部分就是新市场的创造，企业必须采取措施来推动消费者对其产品的需求。他还说："人类需要的自发性一般比较小。一般是生产者推动经济变化，而消费者只在必要时受到生产者启发。消费者好像是被教导着寻求新东西，或者是在某些方面而不同于甚至完全不是他们所习惯使用的东西。因此，尽管可以容许甚至有必要把消费者的需求视为循环流转理论中一种独立的基本力量，但是当我们分析变化时，我们就必须采取不同的态度。"

什么意思？随手举个我现在创业的例子——燕小唛，一款纯燕麦饮品。这种饮品中国几乎没有，是熊彼特所说的"建立一种新的生产函数"，把一种从来没有过的关于生产要素和生产条件的"新组合"引入生产体系，缤纷多彩方为幸福本源，市场真正是从 0 到 N 的过程中创造出来的。

》我们欠小米一个尊重！

因缘际会，有幸见到小米生态链公司的 CEO，聊得很愉快，也有些心得。

同一天，小米生态链的耳机品牌"1MORE 万魔"宣布周杰伦以股东身份加盟，周杰伦创办的耳机品牌 TiinLab 也并入了 1MORE。两件事叠加在一起，我有感而发写下这篇文章。

公众有些轻视小米的倾向，这样不对。小米这样的量级和速度，其核心团队对行业、产品、竞争和管理的认识相当深刻，策略上高屋建瓴，不是一般人所能理解的。

对于销量，小米联合创始人刘德的解释是：A. 高端手机市场，三星犯了错，被华为补位抢了市场；B. 中低端市场，前几年挖线上潜力，无法线下渠道。而 T4-T6 市场（指容量较小的地级市，和县城、乡村等非主流市场的地区）的爆发，加上OPPO和vivo百万级别的销售员，让OPPO和vivo抢了风头。

他的总结是：A. 无论是华为、OPPO还是vivo的领先都只是阶段性的。小米不争朝夕，横竖在第一阵营。只要生命线没问题就行，生态链才是战略级别的。B. 发力线下，抖擞精神，守住生命线。

我调侃过：看不懂中国的房价，就看不懂宏观趋势；读不懂小米的策略，就搞不清实业的出路。仔细读了下小米从高层到中层再到用户的发言，就可发现：我们欠小米一个尊重！理由有四点：

一、小米是一个创造了发展奇迹的公司

小米手机2011年卖了27.3万台；2012年719万台；2013年1870万台；2014年6112万台。这样的业绩，中国几家企业能做到？

二、小米是一个尊重用户的公司，秉承的是用户至上的商业策略

雷军是参透了商业本质的人。商业的本质就是交换，交换的前提是为用户创造价值。

小米以正义的革命者的角色出现，所到之处，落后的、混

乱的、暴利的统统死掉，而现今透明的、高性价比的产品获得一日千里的发展。如小米的手机干掉了当年的"中华酷联"，空气净化器干掉了动不动上千的"风扇+滤网"，插线板干掉了毫无美感的"蚂蚁军团"，电视、盒子、路由器、移动电源、平衡车、摄像机、笔记本、电饭煲等，都干掉了不少竞争者。

为用户创造了价值，所以"5年圈到了2亿17岁到35岁的用户"，加上极具自黑自嘲的雷军所拥有的微博1486万（还在不断增加）微博粉丝，能获得一日千里的发展一点也不奇怪。对于用户而言，谁也不能否认小米产品的诚意，无论是价格和对应价格的品质，当我们购买任何所谓能提升生活品质和格调的东西时，我们有了底气，因为还有小米做放心备选。

三、小米是一个崇尚效率的公司，秉承的是效率至上的运营策略

小米也是一个将效率挂在嘴边的公司。刘德在讲效率这一话题时，表达了他对沃尔玛VP团队的尊重："你发现他们第一非常专业，第二非常敬业，第三毫不傲慢。"

他认为任何公司，一是机制要对，二是管理要对，这两件事都是为了提高公司的效率。也就是说：小米追求高效率和踏踏实实的低毛率。也就是我之前表达过的"选鸡肋行业、走聚

焦之路"。

其实对于供应链而言，效率也极其重要，比如燕小唛一开始就只和世界级公司合作，我可以支付溢价，但随着销量增长，你也必须让利。再比如产品定义层面，效率也极其重要，也是我经常挂在嘴边的"新手做加法，高手做减法"的产品思路。决定一个产品成本的，往往只有一两个，不超过三个关键点。对于小米手机而言，就是高质低价；而对于燕小唛而言，就是好喝健康。

雷军是天赋极高且商业内力深厚的人：

第一，最初做小米手机，对标苹果，抄得极狠，被戏称雷布斯。

第二，上量之后，公开宣称要学同仁堂"修合无人见，存心有天知"。

第三，当不可避免的供应链出现问题后，又对标沃尔玛。

第四，作为"硬件＋软件＋服务"的服务环节出现弱化时，又强调学海底捞。

第五，有了2亿用户之后，营销职能让位于运营和管理职能，又要学COSTCO（好市多）的会员赢利模式。

四、小米是一个生态链公司

小米不仅仅是一个手机公司,也不是凡客一样的杂货铺。

生态链是小米战略级别的业务。小米之前的三大战略核心业务是手机、电视和路由器;现在调整为手机、电视和生态链。

商业的发展途径只有一个:复制!小米生态链的本质,我的理解就是,对小米成功关键因素的复制和放大。比如,"罗胖"推出"得到"App,据说发展速度令投资人惊喜,本质上也是企图对罗辑思维成功模式的复制和放大。因此,生态链的重要性不言而喻,它承担小米的未来,无论是估值还是利润的重大使命。当然小米手机无论如何都是小米的生命线。这条线决定了小米体系的存亡。

在生态链团队的努力下,从宏观层面,55家生态链公司得到从研发、采购、营销和管理上的协同效应;从微观层面,物联网打通后,小米将获得宏大的估值。这种降维攻击的思维,不是众多旁观者所能看透的。当然,正如洪华博士所说,也不是简单的细分市场理论所能拆解过来的。

总而言之,任何有勇气创业的人,都是值得尊敬的,而任何创业成功的人,都是中国经济的脊梁。谦虚令人进步,无论是商业成就、用户价值、管理实践和物联网的布局,其实,我们都欠小米一个尊重。

PART 6

把头脑磨成一把剑！

陈轩说：

把头脑磨成一把剑！

》自律给你自由！

记得当年学法语，同学都是 30 ～ 40 岁的老学生，特别有意思的是：每次法语成绩也基本上按照当年高考院校分野。"985"学校毕业的果然法语成绩强悍，有考到 C2 级别的，理论上这级别要比法国人的法语还要好；"211"学校毕业的老学生就差点意思了。按照家庭分野，有企业家出身的，进展神速；也有大厨哥哥，令人印象深刻。这里面拼的是学习方法和投入程度。核心其实是拼的自律。

我的老乡同学，除了每天 8 小时，还和我共同"包养"了一位法国博士。每天回家拎着铁观音找个小土坡开始背文章。我的老同桌，复旦物理系高才生，每天回家，吃完饭洗完手，就开始学习。这些全靠自律。

所以他们培养孩子，英语、法语、汉语全上，溜冰、舞蹈、架子鼓、海外游学一个不落。为了孩子的健康和未来，甚至不惜放弃一切，牺牲自己做"铺路石子"。

写字对我而言，是清理内存，也是呼朋引伴。无论是博客、微博，还是微信时代，写作是营销人的基本功，是对思维的训练，是头脑的草稿纸，当然也是情绪的沙袋。你喜欢看，我不藏不掖，你不喜欢，直接拉黑删除或屏蔽，岂不两相爽快？说到底，写东西也是自律的事，不信你试试一周至少写一篇，其实真心不容易。

小狼要辉煌，还得靠老狼。老狼在资源和技能上的加持，足以让小狼获得神一样的光彩。我认识一对北京小夫妻，都是做金融的。拿到绿卡，移民后夫妻俩都改学"动物学"，立志要在加拿大当兽医。结果，如愿以偿了！但前提是他们俩是北京人，没有买房养孩子的担心，父母撑着呢。如果你觉得容易，一定是有人替你承担了太多不易。

理性、坚忍，能帮你获得世俗的幸福。大丈夫行事，论逆顺不论成败；上大学时，好多同学都考 GRE，原来是家里安排好了，去澳大利亚再读个会计硕士，然后移民，现在过去15 年了。反观我们这些当年慌慌张张毕业找工作的，转了一圈，愈发艰难。

我曾说过："寒门子弟，至少得焦虑 30 年，才能学会放松；必须被挫败 300 次，才能逐渐从容；丛林社会没人指导，盲人骑瞎马，夜半临深池。头破血流到 40 岁，才算真正了解社会。"这就是野蛮生长的后果。

施瓦辛格说："你有毅力，只要掌握了秘诀和技巧，就能发掘出你的终极潜力。"对于上有老下有小的中年人，自律给我们自由。控制住体重、情绪和婚姻，保持住勇往直前的激情、决心、好奇心和学习力。即使年华在老去，但人生毕竟不是定局。对自己一定要有期待！我们付出的非外人所能想象，唯有自律才能传承实力。

自律给我们自由！寒门一定能出贵子！

> **一切节省，本质上都是对时间的节省！**

时间和头脑是上帝公平赋予每个人的两大资产，头脑或许有所差别，而时间对所有人来说，都是每天 24 小时，没人例外。每个人对时间这项资产的应用方式和方向不同，也就有了富裕和贫穷、成功和失败的不同。

经济学家弗里德曼对"天下没有白吃的午餐"做了全新的诠释：有人请你吃午餐，你不花钱，但是你吃午餐的时间本来可以用来做更重要的事情，你浪费了将午餐时间去做更重要事情的机会。所谓机会成本，即为得到某种东西而放弃另一些东西的最大价值。比如午餐时间我们本可以在自己吃饭后读几页书充实心灵，可以睡个午觉储备精力，可以陪自己女儿玩游戏，这些都是免费午餐的代价。

你把时间用在市场上，你会收获业绩；你把时间用在家庭上，你会收获亲情；你把时间用在锻炼上，你会收获健康；你把时间用在学习上，你会获得智慧；你把时间用在游戏上，你会变得更加无知。

作家格拉德威尔在《异类》一书中指出："人们眼中的天才之所以卓越非凡，并非天资超人一等，而是付出了持续不断的努力。1万小时的锤炼是任何人从平凡变成世界级大师的必要条件。"他据此提出了"1万小时定律"：要成为某个领域的专家，需要10000小时，按照每天工作8个小时，一周工作5天计算，在一个领域内坚持5年，就能成为该领域的专家。

7年的时间，可以把我们全身的细胞都更换一遍，一个旧细胞都没有。5年的时间，可以把我们从一个彻头彻尾的"小白"打造成某一领域专家，这就是时间的价值体现。

时间有如此的魔力，可是很多人最容易犯的就是浪费时间。眼看时间流逝，智慧却不见增长，生活在原地踏步。除了烦恼徒增，时间没有带给他们任何的改变。时间都去哪儿了？

（1）同样的工作，别人6个小时就能完成，你需要10个小时才能完成，两相比较，别人有更多的时间来安排其他工作和休闲。无效和低效的工作，偷走了你的时间。

（2）无关紧要的事情浪费了你的时间。你有没有这样的感觉：一天忙东忙西，一直没有休息，晚上一回想，却又不知道一天都忙了啥。正是因为你把时间投入到了一些无关紧要的事情上,"瞎忙"就是这个意思。

(3)拖延的习惯浪费了你的时间。我超级讨厌这样的员工:在最后一刻完成了某件事。在临近截止日期的时候,匆忙中完成工作,质量必然难以保证,很容易出现返工问题,这会进一步耽误时间。

(4)不济的精神状况浪费了你的时间。吃不好睡不好,会影响你的状态,进而会偷走你的时间。状态不好,效率低。

(5)杂乱差的工作环境会偷走你的时间。缺乏整理的桌面,电脑文件夹一堆,用的时候翻东翻西,这是最无耻的浪费时间。

斯蒂文·霍尔博士在《TQ决定命运》一书中提出了"TQ"(time quotient)——时间商数的概念。他认为同智商、情商、逆商等一样,时商,也就是对待时间的态度和运用时间创造价值的能力。我认为,这是当下最靠谱的概念。

》精神自由在先，财富自由在后

精神自由是超越自我，财富自由是超越外在。

如果你有一位高屋建瓴、给予你全面指导的父亲，你肯定明白在关键时刻为自己争取利益的价值；如果你从小在贵族学校读书，就不会因为当众演讲而束手无策；如果你在斯坦福读过 MBA，你会很容易同剑桥大学毕业的 CEO 聊到一块。

睿智的父亲、精英教育、斯坦福 MBA，会帮助你获得精神自由。而精神自由在先，财富自由在后。暴发户即使一掷千金，也时刻在偏见和愚蠢的牢笼中。

出生环境和文化背景，很大程度上会影响一个人的未来。格拉德威尔在《天才之忧》中洞察到"精神自由"的秘密：

• 中产阶层和上层社会家庭出身，举止文雅、穿衣得体、沉着机智、富有魅力。他们多是在协作培养的模式中被充分挖掘了潜力和天分,具备了主动性和社交技能。

· 他们的活动表被安排得紧促饱满,在各种体验中获得经验和找到感觉,在各种与他人的协作中完成任务,在复杂的组织体制中游刃有余,自然而且舒服地与三六九等的人群打交道,在必要时清楚有力地表达自己的观点。

· 他们认为自己有权提出自己的特殊要求,有权参与制度互动,在各种情境中切换自如,愿意分享信息,希望赢得别人关注,通过互动来满足自己的偏好。

而精神不自由呢?"疏离、疑虑和强迫症",无论什么情况,他们都不知道如何为达到良好的愿望制定策略。

精神自由的人,从孩童时代就得到父母事无巨细、言传身教的培养,他们很早就明白了社会的游戏规则,并被鼓励在一切小事上去与他人互动、去争取自己的权利、去充分地实践。更关键的是,精神自由的人从小被灌输"权利"意识,而这种意识能帮他在未来更好地适应社会。

精神自由的人能更加轻易地获得财富自由,他们性格开朗、个性成熟,很容易成为律师、医生、政府官员、大学教授和工程师。而精神不自由,仅仅凭借自己的智力在社会上获得成功的人凤毛麟角。

精神自由的本质,是建立与世界沟通的模式,获得社会的认可，赢得财富和声誉。精神不自由就是没有培养出与他人沟通的意愿和能力，自闭于世界。即使才华横溢智商出众，也只能如深谷幽兰，孤芳自赏。贫病交加，自顾不暇，更遑论对世界产生影响。

精神自由与精神不自由的本质区别是与世界沟通的意愿、权利意识和互动能力。早期的家庭教育是关键。错过了或错误的家庭教育，在人格定型后，再改正就困难了。不自由的灵魂，仅靠后天个人奋斗以求阶层的突破，其实是难上加难，物质上的匮乏和社会成熟度过低又导致下一代的精神不自由。整个代际传承陷入混乱的可悲的恶性循环。

我们在反思自己的缺陷，预防未来的错误中，总结起来有三点：

第一，家庭教育是巨大的诅咒，不要传染下一代。为人父母竟然不需要考试，确实令人毛骨悚然。

第二，强化与社会沟通的意愿，强化受教育水平，强化社交技能，强化主流阶层的教育理念，以此实现自我的精神自由。

第三，精神自由是终极自由，财富自由只是阶段性的或者是副产品。

自由的本质并非率性而为，而是选择的自由、融入的自由和实现的自由。长路漫漫，大家一起努力进化。

》 每一天都要自我修复和适度进化

马进化出高速，大象进化出鼻子，老虎进化出花纹，乌龟进化出龟甲，兔子进化出大耳朵，老鹰进化出聚焦型的瞳孔，长颈鹿进化出长脖子，仙人掌进化出刺，辣椒进化出辣味素，杉树进化得更加高大。万事万物都是为了一个目的：拼命进化，保证自己在生物圈中的地位。拼命奔跑，拼命进化，这才是生活的本质。

在知识更迭日益加快的今天，在校求学阶段所获得的知识是一生所需的10%，而90%以上的知识都必须在自学中获取。一位本科生走出校门两年内知识就会老化。

特斯拉的老板，帅气的马斯克，又开了一家有意思的新公司 Neuralink：将把人脑和电脑连接起来。他鄙视通过发微信沟通，觉得太低级太没效率。他想在人脑植入一个极小的电极,通过芯片发出信号,将人脑和人脑、人脑和电脑连接起来。有信号的地方,人与人就能心意相通,人与电脑就能人机互动。听上去大快人心,学习效率的提升一定会令人咋舌。

《礼记·学记》中有言:"知不足,然后能自反也;知困,然后能自强也。"在移动互联网时代,什么人最值钱?是跨界人才。跨界人才是大势所趋:"是具有两个以上行业的专业知识,并都能有所精通的跨界型复合职业人才"。如何跨界?必须不断地学习和实践。马斯克本人就是跨界的典范,先创业做电子支付 PayPal,又造火箭,又做电动车,又做太阳能电池。可谓风光无两。但看过他自传的人,都对他年轻时在自我学习方面下的硬功夫,印象深刻。

真正的学习一定是逼着自己走出舒适区的过程。如同马斯克钻研《大不列颠百科图书》一样,不燃烧自己,你将无法成长;只有远离舒适区,才能保持饥饿。一切问题的根本都是认知深度和执行能力的问题,只有看透了才能想通,只有想通了才能做得到。

"每个人的选择都是在自己能力范围内做出的最优的选择。大部分人的最优解就是待在自己的舒适区,所以大部分人都是安全感的奴隶。"啥叫安全感?在我看来,它是懒惰惯性作用下的不良嗜好。世界变化这么大,哪里还有什么绝对安全的"舒适区"？你所谓的舒服区，说穿了，是一种懒惰的逃避，你用自己舒服的方式消耗生命，任时间匆匆而过。说得再狠一点，你所谓的舒适区，不过是"英年早逝"的墓志铭。

"舒适区"概念来自现代心理学的划分成果。大部分人不知道的是，"舒适区"是位于最里面一层的，是要经过千辛万苦才能修来的心理状态。而中间一层是"学习区"，最外面一层是"恐慌区"。也就是人要时常保持恐慌状态，然后主动去挑战自己，进入学习区，最后才能换来所谓的"舒适区"。

很多人搞反了，还没有什么成就的时候，就迫不及待地窝在了"舒适区"。这是不正常的。"舒适区"更像是理想国，是一个毕生朝圣的目标，而不是路上的一把躺椅，随时可供你休息。人生，就像一场苦逼版的《奔跑吧！兄弟》。当你觉得生活轻而易举，成就感爆棚，很有可能你只是进入了难度最低的游戏模式。在你的小圈子外，还有很多人正在挑战高难度的游戏模式。优秀的人，一定是一个自我管理能力极强的人，他不需要别人逼迫，会主动走出"舒适区"，自我突破，主动学习。

难怪有一位朋友感慨地说：人的欲望，随着平台的提升，视野的开阔，不会是越来越满足，而是欲望越来越大。在这种情况下，上升速度慢过于平台提升速度，落差感会让你抑郁。

仰望你的人，看不透你；俯瞰你的人，看不起你。其间的痛苦，只有自己知道！

劳动模范刘德华说过："如果自己不用心，我会连自己也看不起，我或许达不到自己所定的那个要求，但那个要求一定要存在，哪怕我一辈子也做不到。"真正厉害的人，他会对自己非常苛刻，他不能容忍每一寸时光的虚度，他会拼尽全力追求不断成长、不断完善。"生命有限，知识无穷"，你要变得杰出，就必须花比别人更多的时间来学习，来磨炼自己的大脑。

》 积沙成塔,利用好"零碎时间"

2006年托马斯·弗里德曼分析21世纪初期全球化的过程,认为"世界被抹平了";不到10年,看看四周你会发现:其实世界不仅仅是被抹平了,而且是被撕碎了,而这张撕碎一切的大手,就是手机和移动社交媒体。

手机和平板设备代表的移动端如今已经在信息获取、沟通交流和休闲娱乐方面全面超越PC(个人电脑)互联网,成为精准辐射个人的第一媒体。InMobi出品的《2014中国移动互联网用户行为洞察报告》调研结论指出:中国移动互联网用户平均每天接触媒体的有效时间是"5.8小时"。而使用手机(不包含短信和电话)的时间是1.73小时,使用平板电脑0.7小时,两者共2.43小时;占总接触时间的41%。

这些数据其实还在增加。随着智能手机的发展,移动互联网时代链接万物，我们进入一个"充满中断的时代"，我们的生活可以随时被打扰，我们的时间可以被任意切割，这导致业余时间最大的特征就是碎片化，学习随时被打断，等注意力重新回到学习上，难得的空闲时间却结束了，这增加了学习的难度。

据微信发布的用户使用报告说，平均每天打开微信10次以上的用户达到55.2%，竟然有四分之一的用户每天打开微信30次以上。对很多人来说，他自以为在努力利用碎片化时间，实际上他的时间却被碎片化了。

有人说，人与人的差别在晚上八点到十一点之间。有的人乐于交际，与三两朋友喝喝酒、吃吃饭、唱唱歌，朋友换了一波又一波，同样一个笑话说了一遍又一遍。有的人窝在家里，一边听着郭德纲一边玩《开心消消乐》。可是你玩了那么多《开心消消乐》，有没有悟出这个游戏的讽刺性？《开心消消乐》告诉我们："如果太合群，你就会消失！"

李嘉诚保持多年的作息习惯让人津津乐道：不论几点睡觉，他一定会在清晨5点59分闹铃响后起床。随后，打一个半小时高尔夫，根据助手准备好的当日的全球新闻列表，挑选出希望完整阅读的文章，由专员朗读出来。读完新闻后，开始一天的工作。没有特别的情况，李嘉诚会在每天6点下班，晚饭结束后,他会开始几十年如一日的必修功课:夜晚的阅读。他每晚会阅读除小说外的多种不同类型的书籍,睡觉前,会跟着电视大声学习英文。认真到了极点。

阿诺德·贝内特在《如何度过一天24小时》一书中说:"一天的时间就像大旅行箱一样,只要知道装东西的方法,就可以往里面装进两倍之多的物品。不要一开始就把东西扔到箱子的中间,而是不留缝隙地往4个角和箱子的边缘填充,最后再向旅行箱的中间填。如果毫不浪费地使用了四个犄角旮旯的时间,你就可以把一天的时间当两天用了。"所谓的"四个犄角旮旯的时间"就是指零碎时间。

如何利用好零碎时间呢?这里我给大家分享一下我的经验:

(1)抓住最高效的时间。上午10点到下午两点这段时间,是我个人精力最旺盛、注意力最集中的时候,这段时间如果公司没有重大决策,我都会用来学习充电。在这个时间段要高高挂起"请勿打扰"的牌子,坚定摒弃任何干扰。

(2)现代社会,我们必须练就"一心多用、流畅切换"的能力。多任务管理,高带宽学习,这是管理者的必修课。

(3)用零碎时间处理零碎的事情。把头疼不愿意做的大事分步骤,塞在零碎时间去逐一完成,减少因情绪浪费的时间。科学研究发现,如果每隔一段时间就变换不同的工作内容,就会产生新的兴奋灶,而原来的兴奋灶则得到抑制,这样人的脑力和体力就可以得到有效的调剂和放松。

》"在行"的人，永远抢手

一、擦肩而过的"在行"

2014年，我和一位做了10年互动传播的哥们儿，出于对管理咨询行业的反思，碰了好几次"轻咨询"的创业项目。

营销策划属于运营范畴的管理咨询行业，十几年前我大学毕业刚入行，看着熟手和高手们兴高采烈大把赚钱，自己只能低头练剑；而当磨剑十年准备一展身手时，面临的却是整个行业的迅速衰落。我个人认为：问题出在商业模式的供给端上。

从需求端角度看：对2C企业而言，营销是死生之地、存亡之道，一把手都极其重视。对高水准的营销策划专业服务的渴求，呈现刚性、多频、价格不敏感且付费意愿强烈之特点。

从供给端角度看：如同医学、工程学一样，营销是一门精细深刻复杂的技术学科。专业营销人售卖的是经验和时间。凭借的是跨行业跨产品的长时间、多情景学习和训练，尤其是解决方案实施过程、产品上市后的市场反馈的总结，异常珍贵。能最大限度地防止企业、产品和品牌撞墙、掉坑、走弯路。

但问题有两个：（1）在专业营销组织，熬过10年的人本来就不多，这种人因为稀缺自然比较抢手。（2）乙方机构在专业化与规模化之间面临悖论困境。专业营销机构以提供专业化营销策划服务为天职，但公司营收的增长和规模的扩大又是KPI，每个营销经理不得不同时追进6~10个策划项目，分层分档次服务。萝卜卖得快了必然不洗泥，最终解决方案的品质难以保证。

供需如何实现匹配？营销是一个点的问题，但点的问题的解决，不能靠点，要靠线，甚至要靠面等更高维度来解决。营销是如此之复杂，以至于根本就不是一个营销部或品牌部或市场部所能承受和搞定的，更不是找本书找个模型依葫芦画瓢就能交差的，而要靠品牌规划、竞争策略、IT规划、人资管理、赢利模式，甚至企业文化和组织重建来解决。

从专注战略的麦肯锡、罗兰贝格、波士顿咨询，到专注人力资源的美世、专注IT咨询的埃森哲、专注市场调研的AC尼尔森，这些国际化服务机构，历史悠久质量有保障，但一是太贵，不适用中小企业，二是"不接地气"，进来十几个人三个月丢给你几百页PPT，你还得再找本土公司去落地。而国内呢？形形色色的大师大仙几欲迷人眼，作为外行的甲方，遴选和抉择成本太高；而且动辄几百万元的咨询费，也是笔不小的开支，企业还是得掂量掂量。

所以，借助"去中介化"的互联网，"轻咨询"是值得做的好方向。将真正专业营销策划师的时间进行"切分"，以经验分享的线下咨询方式，实现专业服务价值的创造和传输，解决掉甲乙双方在产品市场和营销上的认知不对称问题。

策略流程和工具都聊得差不多了，但当时唯一的缺陷是，我们几个人对编程和软件全是外行，加上当时创业机会实在很多，于是搁置下来。第二年（2015年），"在行"出现了！

（二）为什么上"在行"？

经验是智慧的一种，其实更是勇气的重要部分。2015年4月"在行"上线，我7月份入驻。前后见了52位朋友，大部分是企业家和创业者。无论是对营销技术本身的长进，还是对现在的事业收获都很大。

约我的朋友中，有财务自由的投资人，帮忙挑项目组团队；有已经站稳脚跟，年销售额上亿的传统企业家，商量着怎么"互联网+"；有上线一个月日单量上千的年轻而犀利的

O2O 创业者；有在天猫一年做到数千万的电商高手；当然也有在线教育和互联网金融方面的"90 后"创业者。

下面我来谈谈入驻"在行"整一年的三个心得：

（1）上"在行"的发心：教学相长，互相启发。

如同 Uber 一样，"在行"的本质是受限（智力）资源的激活和交易效率的提升。典型的"网络对节点的赋值"。例如一位航空公司的品牌负责人，遇到一个对个人发展影响重大的品牌问题，他所能求助的只有熟人圈子推荐，但熟人网络的同质化，明显搞不定他的问题；现在他通过"在行"，精准遴选供应方，付费邀约就能轻松搞定。

我的专长在于品牌定位、产品策划和病毒营销。做过销售、管理、营销、广告，也是一名普通创业者。我需要高质量的社群，取长补短，相互启发，资源共享。再读博士呢？意义不大，加入"某某创业者协会"吧，时间肯定不允许。而以"在行"的方式，接入优质创业者和企业家资源，教学相长，相互启发，兴许能有更深入的合作也说不定。因此在价格设置、自我介绍和文案说明上都强化了这一点。

成功和准成功的企业家，对营销都异常重视。我认为：缺乏对传统营销精髓的尊重和掌握，任何新媒体新工具都不过是流动的盛宴和短命的狂欢；放弃对病毒式营销的追进和学习，任何顶尖策略和产品都不过是易逝之烟花和注定之败局。

这种面对面、数据化的、更深刻的、基于商业营销实践的探讨，比任何 EMBA 教育都来得真切、实在、赤诚和实战。

（2）"在行"的核心价值：绝佳的创新场景。

任何创新，都不是在本行业寻找。在商业实践中的得失成败，尤其是商业模型和策略层面的互相启发和梳理，一定要靠跨行业的格局和经验。这一点"在行"的价值难以估量。

将指纹识别和手枪结合起来的 Identilock 是水平创新的可喜成果；将股票交易移动化的 Robinhood App 是金融对移动互联的借鉴；更不提苹果的成功是借鉴了 PC 领域的软硬件思维；小米的崛起自然是用电商思维对手机行业进行重新塑造。

有"在行"上的企业家朋友，专门坐了 3 小时飞机过来聊 2 个小时。聊到最后，之前的商业模型全部打翻，从头成立公司、注册品牌、招聘团队。他本人十分感激，其实我的收获也特别大，回公司后专门开会探讨了相关方面的布局。

"调研靠腿，创意靠嘴"，语言是思想的外壳，多说多讨论，反过来也能创造新的思想。做电商的和做线下渠道的唠唠痛点和难点，开餐馆的和卖奢侈品的聊聊促销和坪效，我做饮料其实受某位做垂直 O2O 的朋友启发最大。

有朋友让我推荐好的营销类的书籍，其实很难。营销本身的知识无非就是几个模型和框架，需要心理学、社会学、艺术设计、传播学、文学等赋值。需要不断"学习、实践、总结再学习"的循环，本身也需要时间、耐心和悟性的赋值，尤其是多学科交叉验证和创意启迪。与其说"在行"的交易情景是专家与学员的关系，我更认为是一场"两个人关于创新的头脑风暴"，风暴过后，商业认知能力的提升是双向的，而问题的创新性解决本身就是水到渠成的结果。

（3）垂直化细分，总是大趋势。

所谓专家，应该是拥有理论化、结构化、系统化的思维方式的人。有一年见段位很高的一位大哥，深聊了整整5个小时，很是震撼。中间卫生间都没舍得去。这种爬坡上坎的关键点拨，验证了很多东西，真是"胜读十年书"。

托"在行"的福，认识了不少智商情商俱高的朋友，有一位朋友约了我1小时，后来聊了3个小时。本来是他请教我，到最后其实我向他请教的更多。不走弯路，就是捷径。我的个案比较特殊，针对的是较成熟的企业家和创业者群体。这个群体的时间和精力成本高昂，决策风险极高，比如说上几条生产线，投一年的广告，对于这种一掷上百万上千万的决策，他们不想清楚绝不会贸然行动。找一个经验深厚、头脑清晰，又没有利益关系的人敞开聊一聊，是个不错的选择。

我是宅男。有"在行"帮忙，挡掉了很多不尴不尬的应酬。做产品就是做人，"在行"的发展方向其实和个人发展极其类似。做精、做细、做垂直，宜早不宜迟。融资成功后，流量上的压力应该轻了些，可以圈定几个高利润高单价的行业做大做强，提高转化和营收入账。"大牛"站台引流，"小牛"打打边鼓，真正冲营收和利润，还得靠"中牛"。

一句话，无论有没有"在行"，在行的人，永远都抢手。

》 向大本大源发力，走内圣外王之路

抓住根本，绕开细枝末节，这是一个人在有限的生命中取得成功的关键。

前些年有句话很蛊惑人心：细节决定成败。这话用在抓质量生产上靠谱，如果用在人生成败上，就太不靠谱了。细节更像是黑洞，每天都在把你吞噬，如果你总是陷入细节之中，你的人生就完蛋了。所以框架性思维、系统化思考至关重要。

元旦在深圳和 X 姐喝茶时，我忽然有个感悟：人本质上就是"情境动物"！"情境动物"这四个字，其实包含三重含义：情、境和动物。拆开翻译就是：人是随机的、应境的和趋利的反应体。从这个论断推演，世界其实有且仅有三类人：

第一类人，头脑中就一个词：desire（欲望）；

另一类人，头脑中也是一个词：memory（回忆）；

最后一类人，头脑中也是一个词：believe（相信）。

营销人的思考模型是战略、品牌、产品和推广；而创业者要考虑战略、资本、市场和人才的平衡匹配。资本家和企业家，只需要考虑赢利模式足矣。李嘉诚的和记黄埔和长江实业就是最经典的案例。和记提供现金流，长江提供高利润。和记稳定，长江高增长，首尾相济，平滑风险。

再比如马云的战略铁三角：用电子商务解决主业问题，用互联网金融解决支付问题，用菜鸟物流解决最后一公里问题。自成一体，谁也不惧。一出手就抓大本大源，当真是高手。

还有顺丰老总王卫，6大事业部独立经营，以速递为现金流，以生鲜电商和跨境电商为延伸布局，以金融支付和无人机为未来布局。这玩的就是生态布局。

有系统化思维的人与企业实际经理人的区别在于，能用理论解释难题、预测发展和干预未来。经验是"知其然不知其所以然"；而理论化系统化结构化的思维，则是"知其然知其所以然"。

人类的未来，到底会怎样？这是介乎哲学、宗教和科技的问题。从哲学角度讲，其实只有三种结局：或者痛苦，或者无聊，或者短暂的快乐。

生活的艰辛和匮乏产生痛苦，生活的安定和丰裕产生无聊。痛苦减少时摆向无聊，痛苦来临时摆脱无聊。如同钟摆一样，左边：欲求不满时——痛苦；右边：欲望满足时——无聊；中间：快乐。如果是这样，永生的意义又何在？

叔本华说："世界是我的表象，世界是我的意志。"人类的未来，究竟怎样？马斯克的人机合一 Superman 不是未来，扎克伯格的 partytime 虚拟世界，也不是未来。

丁力在分析荣格时点出了未来的方向——"若自悟者，不假外求"，这是六祖慧能说过的话。外法尽在自性，王阳明说："圣人之道，吾性自足，良知，不假外求"。于是康德总结说：世界的起点和终点，不是向外探索，而是要从我们内心去寻找。

》 理性的行动派，最性感

我去试驾特斯拉，觉得它的自动驾驶功能真是酷得可以，适合我这种不喜欢开车的人和爱堵车的北京。自动泊车技术尤其有趣，自动关上门，自动拐弯倒仓入库，尤其是 model X，真不愧是最好的车。

AI（人工智能）、VR（虚拟现实技术）和机器人是未来流量大头。现代商业是流量的争夺：比如燕小唛办公所在地——东方梅地亚楼下赤橙黄绿青蓝紫的共享单车，所采取的商业模式其实就是卡位、布局、圈流量；20 世纪 90 年代的门户网站；2000 年后雄风依旧的搜索时代；2010 年微博启动和 2013 年微信崛起，意味着社交时代兴起；2015 年"双创"台风袭来的 O2O 再次崛起（上次是 2010 年的团购大战）、自媒体创业、头条分发业务爆发、滴滴快的合并、新美大合并；

2016年短视频、直播、VR、AI四强聚头；等等。

有一次和同事开玩笑，说BAT（百度、阿里巴巴、腾讯的简称）依旧是元始天尊、上帝和如来佛，锁定的是搜索、电商和社交。后人再创业，颠覆就别想了。但从三位大佬手中稍微二次构建出一个强消费场景，假如能套取到持续的流量，三位大佬就会第一时间赋能，这种创业才会有广大的前途。如摩拜单车和ofo。

场景多元化、流量碎片化，迭代以天为单位计量，科技的发展令人目眩神迷。如何塑造一个让消费者心动的品牌？创造绝佳体验的产品才是根本。产品能否解决现实中的问题，能否为消费者带来价值，才是最关键的。品牌要把创新点体现在产品中，传递给消费者并召唤情感共鸣。我曾经去拜访过同仁堂，在他们那里吃了饭，"炮制虽繁必不敢省人工，品味虽贵必不敢减物力"，这么多年过去，这句古训现在依然能张口就来。

1978年诺贝尔经济学奖获得者赫伯特·西蒙曾说："人类达不到绝对理性，而是相对理性。对一个问题能够解决到什么程度，取决于假设问题关键解决因素的范围，这个范围就是所谓的框架，以及在这个范围内，对各种情况发生概率的估算。概率估算差距不大，大多数不成功是因为框架设计上有问题！"

2012年夏天，我曾看到过美国一个很流行的Flash动画*The Maths Man Kills the Madman*，内容讲的是宅男极客IT精英将成为广告行业的主角，数字结果将决定创意的内容及形式。该Flash认为：随着数字技术的成熟，营销效果将日趋精确可量化。擅长数据挖掘提炼、精于电脑技术，如"谢耳朵"一般（美剧《生活大爆炸》里的角色，原名谢尔顿，是一个高智商的物理天才）的人，将爬到产业链的上游，成为世界的主角，攫取到最大的利润。当时我很认同，但没想到来得这么快。

与此同时，"谢耳朵"之外的人正在屡遭嫌弃。当然，不是说文科生就没活路了，任何事情都不是绝对的。我认识一位生于1985年的亿万富翁，历史学专业毕业，2006年做了个论坛网站，注册人数竟然做到了300多万，当时谷歌"骚扰"他好多次，要用一个亿收购了他的网站。

那到底什么是理性？"理性"的定义应该是："洞悉人性和事物规律，能预测未来进而趋利避害，最终轻松优雅地达到个人目的"。理性有四个特点：目标清晰明确、遇事稳重冷静、做人自立低调、决策果断坚毅。

我们学习，无非是学习过去、理解现在，最终洞穿未来。

成熟的人能够预测和干预未来。从本质上讲，理性是一种技能而非性格，因为性格的养成最终还是来源于技能的提升。职场中的成熟不见得能迁延到生活中去。

那如何让自己快速理性起来？无非是多实践，在解决问题中逐渐理性客观；多读书，将别人的经验转嫁到自己的技能中；多思考，自成一家，自成一派。主动地去经历事务，积极地从书中和自己的实践中总结规律，思考如何应用规律，就是达到"理性"彼岸的通道。

这个世界上有好想法的人很多，但有能力去实现的人很少。这就是说干就干的执行力。在执行力面前，想法和创意一文不值。比尔·盖茨退学、扎克伯格退学、李彦宏退学、张朝阳退学，这些亿万富翁总是迫不及待地去实现自己的梦想。美国著名的商业竞争栏目《学徒》，有一集淘汰了哈佛大学MBA，理由是："你在学校浪费的时间太久了，我不知道你何时才能起飞？"

"没有错的选择，只有你的选择"。生活中变量太多，没有绝对的错误与真理。总以为在 ABCD 中，有唯一的正确答案。其实错错错！未来是一个变量，选择本身就会对未来结果产生影响，而努力则会产生最直接的影响。

人生中的任何一个结果都和很多因素相关，我们能全盘知晓的比例很小，能全面控制的趋近于零。冯唐说："大多数原理指示整体的必然性，和个体无关。仿佛点一炷沉香，我知道它会飘散，你会闻到，但是我们不知道某个特定瞬间，它会飘向哪里。"

头脑僵化的人，固执地对人生选择无穷无尽地进行讨论和分析。在毫无意义的纠结中，时光、青春、机会通通远去。兵贵神速，就是要防止"一鼓作气、再而衰、三而竭"的后果。

无法准确预测未来时，就要相信自己的直觉，迅速推进落地执行。别让人生输在"等"字上。"等不忙""等下次""等有时间"……等来等去，等没了青春，等没了健康，等没了机会，等没了选择。你无法改变过去，无法预知将来，唯一能抓住的只有现在。该做的事全力去做，该尽的努力不打折扣地完成，总有一天你会感激当时那个再艰难也咬牙坚持的自己！

岁月能拉平人与人之间的差距。生活有一种神奇的平衡能力，任何一条道路都不可能只有利没有弊。拖着不做选择，才是选择最大的风险。

理性的行动派才最性感！他们大多是典型的不认命的群体，他们坚信"我命在我不在天"，他们相信成功源于习惯，习惯源于坚持，坚持源于梦想。他们野心勃勃、激情四射地向着自己的目标前进。63%的富豪为了财富甘愿承担风险，但只有 6% 的穷人愿意这么做。他们坚信自己是自己的皇帝、是自己的太阳、是自己的宙斯。别笑，这是真的。

理性的行动派们大都创立了自己的公司，他们的成功源于挫折中的自我成长。我提个问题，大家想想看。"商业上成功的核心是什么？"——是关系！"如何快速在商业上取得成功？"——和有实力的人搞好关系，让他们喜欢你，信任你，投资你。这其实就是理性的行动派的不传之秘。

你是谁不重要，关键是你认识谁！谁挺你！网上有个段子道破了所有玄机。"一个人想要有所作为，必须具备四个行：第一，自己要行；第二，要有人说你行；第三，说你行的人要行；第四，身体要行。"

困难，困在家里万事难；出路，出去走走万条路。一个人的社会竞争力，本质是他的父母的能力、朋友资源和自己见识的加成。

出于对生意和人性的深刻理解，百万年薪的精英们，普遍认为获得高质量的人脉关系，对于个人在事业上的成功至关重要，他们普遍会花大量的精力来维护这种关系；截然相反的是，只有 17% 的穷人赞同这个做法，他们宁可宅在家里。而 68% 的富豪乐于见到新的面孔，并认为这可能对最终经济上的成功非常重要；穷人赞同的比例仅为 11%。

交朋友的本质是资源互换、利益共享，也就是合作。正如有个挺深刻的段子所讲的，合作有三个层面：小合作要放下态度，彼此尊重；大合作要放下利益，彼此平衡；一辈子的合作要放下性格，彼此成就。工作如此，爱情如此，婚姻如此，友谊如此，事业更是如此。